JN065976

カラー版

野瀬昌治 著

目で見てナットク!

はじめての 鉛フリー はんだ付け作業

日刊工業新聞社

はじめに

鉛フリーはんだが世の中に登場し、電気製品に使われはじめたのは約20年前からです（2023年現在）。欧州連合（EU）において、ELV指令（廃自動車指令）が発効され、2003年7月以降は自動車の部品・材料に鉛（Pb）が使用されていると、EU加盟国に輸出することができなくなりました。

さらに、2006年7月にRoHS指令（特定有害物質使用制限指令）が施行され、一部の電気電子機器にも同様に鉛（Pb）が使用できなくなりました。2011年7月には対象となる電気製品がさらに追加され、ほとんどの家電品（輸出対象品）に鉛が入ったはんだを使用できなくなりました。

もちろん、EU加盟国に輸出することができないだけなら、国内で販売する電化製品には鉛入りのはんだを使用してもよいわけです。しかし、鉛フリーはんだと鉛入りのはんだを両方使用して管理することは非常に難しいため（第3章「共晶はんだとの分離」、第4章「鉛の混入（汚染）と信頼性」で解説します）、ほとんどの企業で、はんだ付けには鉛フリーはんだを使用することになってきました。

このように鉛フリーはんだが一般的に使用されるようになってからの日はまだ浅く、10～30年後にどのような不具合が起こる可能性があるかについてはまだわかっていません。本当の意味での信頼性はまだ確立していないことになります（信頼性の試験などはもちろん行われていますが……）。

このため、高性能エレクトロニクス製品（航空、宇宙、防衛、医療、測定器、電力、公共交通など）の分野では、鉛フリーはんだを使用することがいまだに認められていません。

鉛フリーはんだは、信頼性や作業性の面で現在も進化・改善の途中であると言ってよいと思います。たとえば、錫（すず）（Sn）に対して銀（Ag）

や銅（Cu）、ニッケル（Ni）などを何％添加するか？　といったはんだの組成に関する話から、フラックスやハンダゴテ、あるいはその周辺機器にいたるまで、毎年新しいものが開発されて商品化されています。よりよい道具や素材が次々と登場するため、その時に最適だとされていた条件は、数年ですっかり変わってしまう変化の激しい状況です。

ウェブ上には、現在も玉石が入り混じった、様々な情報が溢れています。その中から的確に有益な情報を獲得していくためには、鉛フリーはんだに関する正しい基礎知識を学んでおく必要があります。

そこで、本書では主に「ハンダゴテを使ったはんだ付け」について、鉛フリーはんだを導入した時に直面する問題点について実例を挙げ、その原因と対策について解説します。また、作業性を改善するための基礎知識、道具選び、具体的な手法と考え方についてまとめました。

正しいはんだ付けの知識を身につければ、鉛フリーのはんだ付けもさほど難しいものではありません。ぜひ、鉛フリーはんだを自在に操るための知識を身に付けてください。

2023年6月

野瀬昌治

（注）本書は、2021年3月に出版された「カラー版 目で見てナットク！はんだ付け作業」の続きにあたる書籍です。前作では、はんだ付けを実践するために必要な基礎知識について詳しく解説しました。本書は、すでに前作を読んでいただいて、はんだ付けの基礎知識を学ばれた方を対象に解説を進めています。お読みでない方は、先に『目で見てナットク！はんだ付け作業』をお読みいただくことをお勧めします。

『カラー版 目で見てナットク！　はんだ付け作業』
日刊工業新聞社　価格：本体1,900円＋税

第1章 鉛フリーはんだは、なぜ登場したのか？

第2章 鉛フリーはんだは難しい?

第3章 共晶はんだとの分離

第4章 鉛の混入（汚染）と信頼性

第5章 鉛フリーはんだと共晶はんだの仕上がりの違い

第6章 鉛フリーはんだに使用するハンダゴテとコテ先選び

第7章 はんだ付け前に行うべき熱量の考察

第8章 熱量不足を解消することで作業性を改善

第9章 実際の鉛フリーはんだ付け作業

第1章

鉛フリーはんだは、なぜ登場したのか？

1-1 従来の鉛の入ったはんだ(共晶はんだ)

現在、世界中のあらゆるところに電機・電子機器が広く普及し、人類の生活は便利で豊かなものになっています。はんだ付けは、電機・電子機器製造業において、電子部品を電気的に接続するために絶対に欠かせない技術です。

はんだ付けの歴史はとても古く、B.C.（紀元前)3000年ごろ（今から5000年前）には、すでにはんだ付けが存在したと考えられています。ツタンカーメン王のお墓からも、はんだ付けを使った装飾品が出土しており、ギリシャ・ローマ時代（B.C.3000年ごろ～A.D.（紀元後)476年）になると、水道配管を現代とあまり変わらない（錫60%、鉛40%）組成のはんだではんだ付けした記録が残されています。

最初は、このように装飾品や水道配管、仏像などに利用されたはんだ付けですが、現代では、主に電子部品を電気的に接続するための技術として利用されるようになりました。現在、我々が使用するほとんどの電気製品には、**図1-1**のようなプリント基板が使われています。

図1-1 プリント基板

1-2 鉛が環境に及ぼす影響

先述のように、B.C.3000年の大昔からほんの20年くらい前までの長い間、はんだ付けには鉛が約40%含まれている共晶はんだが使われてきました。

その歴史の中で、世の中は大量消費時代を迎え、大量の電気製品が製造されるようになりました。そして世の中が豊かになるにつれて、電気製品はより短いサイクルで買い替えられ、捨てられるようになりました。

古くなった電気製品はほとんどの場合、燃えないゴミとして埋め立て処理によって廃棄されています。地球規模で考えると、凄まじい量の電気製品が地中に埋められたことになります。それに加えて、石炭、石油などの化石燃料を大量に燃焼した結果、大気の汚染と共に酸性雨（強い酸性の雨）の問題が発生しました（図1-2）。

酸性雨は土壌や湖沼に悪影響をおよぼすのはもちろんですが、地表に降った後は、やがて地面へとしみ込んでいきます。地中にしみ込んだ酸

図1-2 酸性雨

性雨は、燃えないゴミとして埋め立てられたプリント基板から重金属イオン（鉛成分を含む）を溶出します。そうして溶け出した重金属イオンが地下水に入りこみ、河川や土壌を汚染していきます（図1-3）。

図1-3 地下水、河川、土壌汚染

そして、汚染された土壌や河川から、農作物や家畜へ重金属イオンが取り込まれ、さらに食物や飲料水として食物連鎖の頂点にいる人体に取り込まれて蓄積していくことが科学的に解明されました（図1-4）。

図1-4 食べ物、家畜、野菜

重金属の中でも鉛の毒性は、早くから問題視されていました。たとえば、鉛の使用された水道管（鉛管）からは、鉛が鉛イオンとして溶け出し、飲料水として体内に取り込まれ鉛中毒になる場合があります。日本では現在、新設する水道管には鉛菅の使用が禁止されています。人体に取り込まれた鉛は、特に胎児への影響が大きく、神経障害、知能低下、成長障害などの深刻な影響を与えることが知られています（**図1-5**）。

図1-5 **人体への鉛の影響を減らす**

こうした背景から、40%の鉛を含む「鉛入り共晶はんだ」（以下共晶はんだ）を使い続けることは、「環境にも人体にもたいへん悪いことである！」と世界中で認識されるようになったわけです。

1-3 共晶はんだの規制

そこで冒頭の「はじめに」でも解説したように、およそ20年前から欧州連合（EU）でELV指令、RoHS指令が施行され、急速にハンダの鉛フリー化が進みました。鉛フリーはんだが広まったのは、EUへの輸出ができなくなるというせっぱつまった事情と、世界的な環境意識の高

表1-1 改正RoHS指令（RoHS2）における禁止（制限）物質と規制濃度

	禁止（制限）物質	規制濃度（閾値）
2003年から禁止	鉛	0.1wt%（1000PPM）
	水銀	0.1wt%（1000PPM）
	六価クロム	0.1wt%（1000PPM）
	カドミウム	0.01wt%（100PPM）
	ポリ臭化ビフェニル（PBB）	0.1wt%（1000PPM）
	ポリ臭化ジフェニルエーテル（PBDE）	0.1wt%（1000PPM）
2019年に追加	フタル酸ジ-2-エチルヘキシル（DEHP）	0.1wt%（1000PPM）
	フタル酸ブチルベンジル（BBP）	0.1wt%（1000PPM）
	フタル酸ジ-n-ブチル（DBP）	0.1wt%（1000PPM）
	フタル酸ジイソブチル（DIBP）	0.1wt%（1000PPM）

まりという背景があったわけです。

最新の基準である改正RoHS指令（RoHS2）は、2003年2月に発効した最初の指令（欧州議会・理事会指令2002/95/EC）を改正したものです。改正RoHS指令では、当初禁止されていた6物質に加えて、新しく4つの物質が規制対象となりました（**表1-1**）。RoHS指令ではんだ付けが影響を受けたのは、共晶はんだに含まれている鉛です。

1-4 鉛フリーはんだの登場

RoHS指令の公布（2003年）以降、共晶はんだから鉛が入っていない鉛フリーはんだへの、早急な切り替えが必要になりました。鉛をはんだ付けに使用しないようにするためには、代替となるはんだが必要となります。RoHS指令の公布から施行までに約3年の猶予しかないなか、鉛の入っていない「鉛フリーはんだ」が開発されました。

各はんだメーカーは、鉛を使用しない「はんだ」の開発という大きなビジネスチャンスに競って取り組みました（最初に素材や組成の特許を抑えられれば、莫大な利益が転がり込みます）。現在では落ち着いたものの、RoHS指令の公布から約20年間は、特許戦争の様相を呈していました。

鉛フリーはんだの黎明期は、環境試験などを行うための十分な時間がありませんでした。そのため、少々見切り発車気味のまま、何種類もの鉛フリーはんだが市場に投入されました。それにより、鉛フリーはんだの登場初期には、誰もが初めて経験する不具合が頻発しました。このことがきっかけで、「鉛フリーはんだを使ったはんだ付けはとても難しい」というイメージが定着しました。

1-5 鉛フリーはんだの組成

鉛フリーはんだの組成は規格によって統一されているわけではなく、国や企業によって異なる種類の鉛フリーはんだが使用されています。とはいえ、比較的扱いやすくて品質的にリスクの少ないはんだに需要が集まるのは当然で、現在日本では、錫、銀、銅（Sn-Ag-Cu）組成の鉛フリーはんだが最も多くの企業で採用されています。日本で最も多く採用されている組成は、錫が約96.5%、銀が約3%、銅が約0.5%です。

近年は資源価格がどんどん上昇しており、希少金属の銀を含む錫銀銅はんだの値段も高騰しています。このため、コストを抑えるために銀を含まない錫、銅、ニッケル、ゲルマニウム（Sn-Cu-Ni+Ge）という組成の鉛フリーはんだや、銀の含有量を0.1～1.0%に減らした低銀はんだと呼ばれる鉛フリーはんだが登場し、使用されることが多くなっています。しかし、いずれも錫が97～99%の主成分を占めるため、錫の価格がこの数年（2016～2022年）で2倍以上に上昇したことで、いずれの鉛フリーはんだも価格上昇を抑えることはできていません。

1-6 鉛フリーはんだの改良

ここ数年、各はんだメーカーは、フラックスの改良や他の微量元素を加えることで、使用用途別に糸はんだを開発・進化させる段階にきています。例えば、ヤニ入りの糸はんだだけでも

1：フラックスとはんだの飛散を抑える
2：濡れ性を高める
3：煙があまり出ない
4：フラックスが高温でも活性化する時間が長い
5：自動車など、製品の使用環境が厳しい場所での信頼性を高める
6：はんだ付けする人の健康を考えたハロゲンフリー
7：アルミ専用のはんだ
8：ガラス専用のはんだ
9：コテ先の消耗を抑える
10：フラックスの焦げ付きが少ない
11：レーザーはんだ付け用のはんだ
12：ロボットでのはんだ付け用のはんだ

など、様々な特色を持つ鉛フリーはんだが各メーカーから登場しています。はんだ付けをする対象物やはんだ付けの方法、製品が使用される環境によって糸はんだを使い分ける時代になりました。

また、2015年には、融点が約140℃しかなく、200℃程度のコテ先温度でもはんだ付け可能な錫、ビスマス（Sn-Bi）系のヤニ入り糸はんだ（千住金属工業㈱のLEO）が登場しました。低温ではんだ付けできるため、電子部品を壊す可能性が低く、コテ先の食われなども抑制されます。部品の取り外しなどにも重宝します。ただし、少々高価です。

第2章

鉛フリーはんだは難しい?

2-1 共晶はんだと鉛フリーはんだの作業性の違い

鉛フリーはんだを製造現場で実施されている方、これから導入される方が直面する、鉛フリーはんだのトラブルについて列挙してみます。

①はんだが思うように融けない
②はんだが思うように流れてくれない
③はんだの量が多くなってしまう
④フラックスが焦げてしまう
⑤はんだが白くなってしまう（オーバーヒートしている？）
⑥はんだがボソボソとして、イモはんだになってしまう
⑦基板のパターンが剥離する。はんだ付け時の熱で電子部品を壊したり変形させたりする
⑧基板のパターンが消失してしまう
⑨極細のリード線が折れてしまう
⑩ハンダゴテのコテ先がすぐに痩せたり、穴が開いたりしてしまう
⑪はんだの値段が高い

いかがでしょう？　思い当たる点があるでしょうか？　鉛フリーはんだを使ったときに感じる使いにくさ、難しさを表現するとこのような内容になると思います。鉛フリーはんだでは不具合が起こりやすく、共晶はんだを使っていたときと比べて腕前が落ちたわけでも、ハンダゴテが悪くなったわけでもありません。鉛フリーはんだを使うときに起こりがちなトラブルの原因と対策について、順に考えていきましょう。

鉛フリーはんだと共晶はんだとの違いについてまとめると、**表2-1**のようになります。鉛がはんだに入っていないことで、はんだ付けの作業性に大きな影響を与えます。表2-1で示した作業性に与える悪影響は、すべてはんだに鉛が入っていないことに起因するものです。

表2-1 共晶はんだと鉛フリーはんだの違い

	共晶はんだ	鉛フリーはんだ	関連する番号
鉛成分	約40％（重量比）	0%	
融点（はんだが融ける温度）	約183℃	約217℃～227℃	①
濡れ性、広がり性	優れている	粘度が高く、濡れ、広がりが悪い	②③
フラックスの活性化時間	余裕がある	短い	②④⑥
材料コスト	安価	高い	⑪
仕上がり状態	表面に光沢がある	自然に冷却して固まると表面が白っぽくなる	⑤
はんだごての選定	道具を選ばなくても作業ができる	温度調整機能は必須。ハイパワーのものの方が有利で吟味が必要	①②③④⑥⑦
食われ	ほとんどない	よく食われる	⑨⑩⑪
こて先の酸化	あまり酸化しない	すぐに酸化する	⑧⑨

それでは、鉛フリーはんだによる影響を一つずつ確認していきましょう。

2-2 はんだが思うように融けない

共晶はんだを長年使ってきた方が、鉛フリーはんだを初めて使うと「あれ？　はんだが全然融けないぞ？」と感じられるはずです。実際、共晶はんだでは何の問題もなくはんだ付け作業ができていたのに、鉛フリーはんだに変えたとたん、まったくはんだが融けなくなることも珍しくありません。

これは、はんだの融点（融ける温度）が関係しています。共晶はんだの融点が約183℃なのに対して、鉛フリーはんだは約217～227℃と、共晶はんだに比べて融点が34～44℃も高くなっています。

すなわち、鉛フリーはんだを融かすためには、より多くの熱エネルギーが必要となります。そのときに「融点が高いのであれば、ハンダゴテのコテ先温度を上げれば解決するだろう」と単純に考える方が多くいます。それを実際に実行している方も多いと思いますが、それほど簡単に解決することはできません。

というのも共晶はんだの鉛には酸化を防ぐ働きがあり、コテ先の酸化が起こりにくいという特徴があるからです。酸化していないコテ先は、はんだが濡れ広がりやすく熱を伝えやすいです（**図2-1**）。ところが、鉛フリーはんだを使用した場合は、コテ先が非常に酸化しやすくなります。コテ先温度が360℃より高温になっていると、常にコテ先が酸化した状態となります。コテ先が酸化するとコテ先ははんだを弾き、はんだが濡れ広がらなくなります（**図2-2**）。そして、はんだが濡れ広がっていないコテ先では、熱をうまく伝えることが非常に難しくなります。

私がこれまでお受けしてきた、「鉛フリーはんだを使ったはんだ付けがうまくできない」というご相談のほとんどが、コテ先温度を上げ過ぎたために、コテ先が酸化して熱が伝えられていないというものでした。

コテ先が酸化しているかどうかは、色が黒やグレーに変色していないかどうか、あるいは図2-1、図2-2のように、糸はんだをコテ先に当てたとき、水玉状のはんだになるかならないかによって見分けることができます。

鉛フリーはんだを使用する際は、常にコテ先が酸化しないように注意を払っておく必要があります。具体的には、使用中のハンダゴテをコテ台に置くとき、さらには使用しないハンダゴテをコテ台に置くときには、**図2-3**のようにコテ先にたっぷりとはんだを盛ってコーティングし、コテ先がじかに空気（酸素）に触れないようにします。

すると、再びハンダゴテを使うとき、コテ先に付着したはんだをクリーニングスポンジなどで拭ってやれば、ピカッと光った酸化していないコテ先が出てきますので、すぐに作業にとりかかることができます。

このように、鉛フリーはんだの融点が高いからといって、単純にコテ

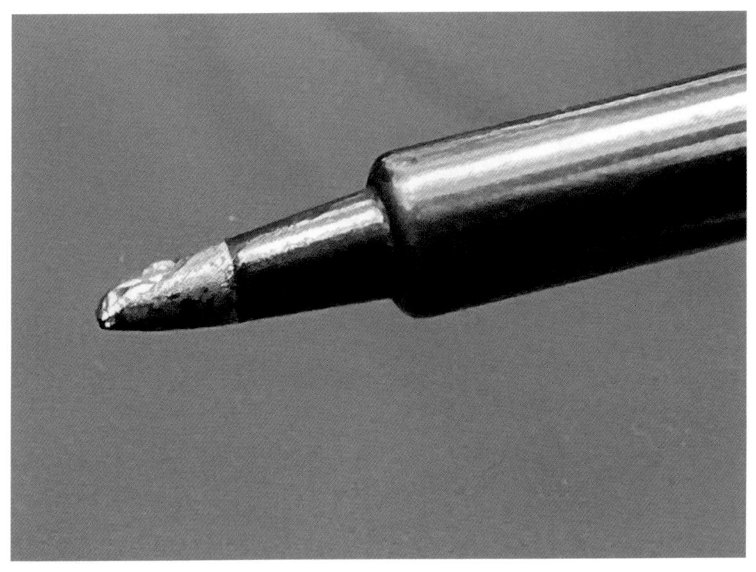

図2-1 正常なコテ先（はんだがコテ先に薄く濡れ広がっている）

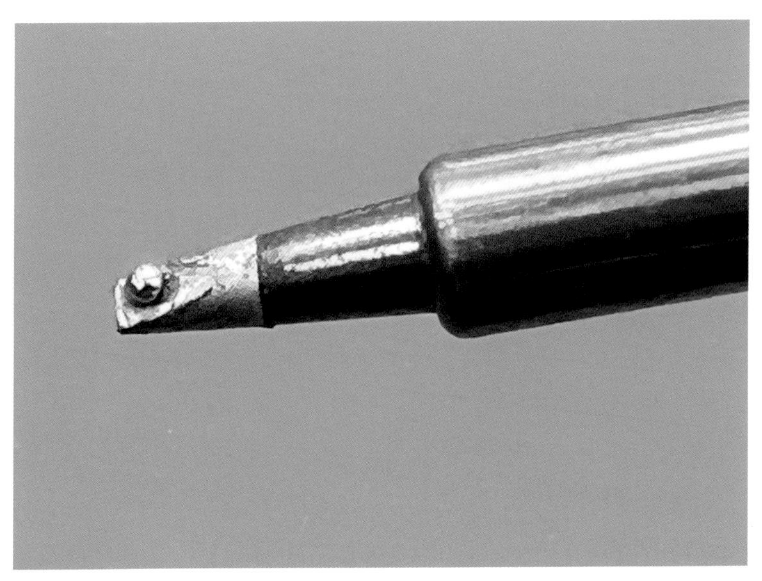

図2-2 酸化したコテ先（はんだを弾いて水玉状になっている）

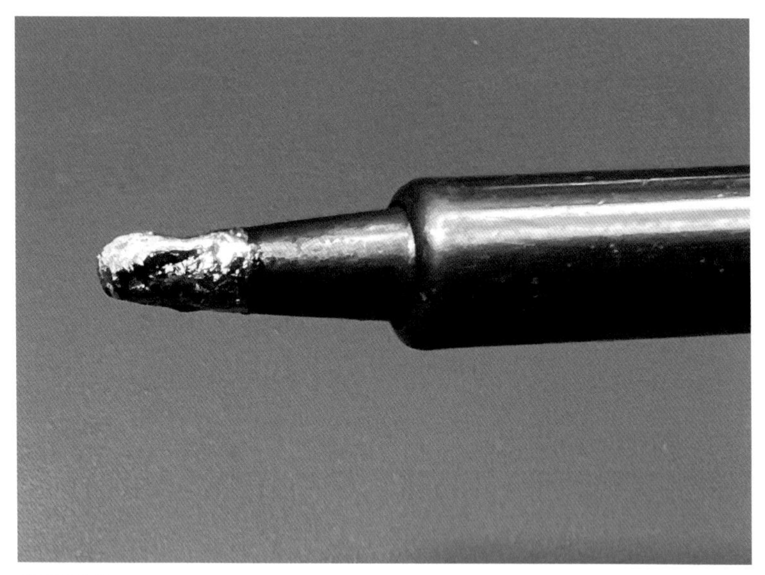

図2-3 はんだでコーティングしたコテ先（このままコテ台に置く）

先温度を上げてしまうとコテ先の酸化が起こり、逆にはんだが融けにくくなるわけです。

では、どのようにして対処するとよいのかを考えてみます。前著(『カラー版 目で見てナットク！はんだ付け作業』（日刊工業新聞社))でも詳しく解説していますが、はんだ付けは錫と銅の合金層を形成することで接合しています（**図2-4**、**図2-5**)。この合金層を形成するために最適な温度条件は、鉛フリーはんだも共晶はんだも約250℃で約3秒間と同じです。鉛の有無は接合条件に関係していません。

図2-6に、はんだ付けの接合強度と接合温度の関係を示します。これによると、接合強度がもっとも高いのは250℃のときで、それ以上の温度になると下がってしまいます。すなわち、溶融はんだの温度を250℃に保つことが大切です。

コテ先を酸化させずに、溶融はんだの温度を約250℃程度にコントロールするには、340℃程度の低いコテ先温度でも豊富な熱エネルギー

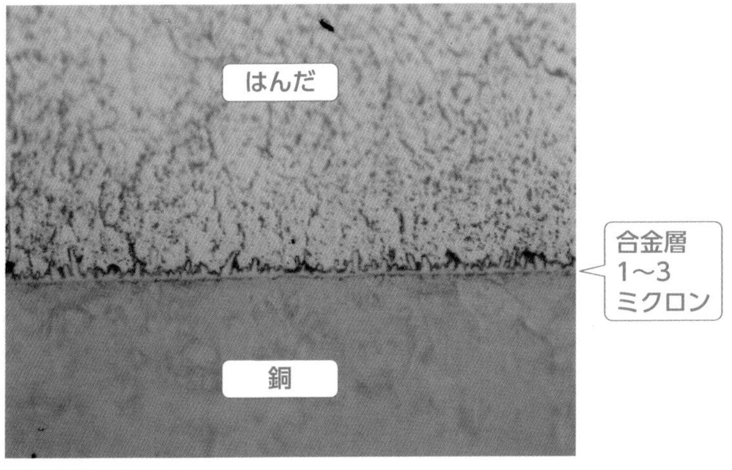

図2-4 はんだ付け接合部の電子顕微鏡写真（480倍）

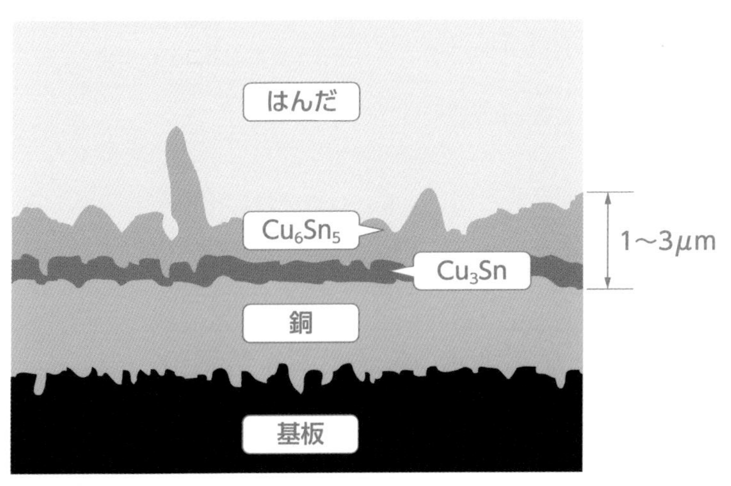

図2-5 合金層を拡大した模式図

を供給できるはんだごてが求められます。

鉛フリーはんだではハンダゴテの選定が難しいという悩みがありますが、ハンダゴテメーカーは毎年のようにハイパワーを謳う新製品を発表しています。それは、上記の問題をクリアするためです。とはいえ、国内で入手できるハンダゴテをすべて把握することはなかなか難しいた

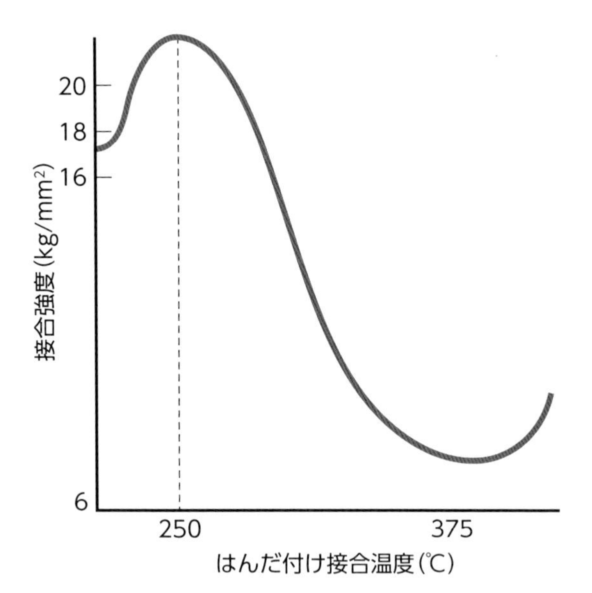

図2-6 はんだ付けの接合温度と接合強度の関係
(電気通信大学　電子工学科　実験工学研究室データ)

め、ハンダゴテメーカーがどのような狙いでハンダゴテを開発しているかを知る機会はわずかだと思います。6章では、それぞれのハンダゴテメーカーの一押しのハンダゴテを紹介しています。

2-3 はんだが思うように流れてくれない、はんだの量が多くなってしまう

共晶はんだのように、さらっと薄く濡れ広がってくれないのが、鉛フリーはんだを使うときに感じる特徴の一つです。**図2-7**や**図2-8**のように、仕上がり状態が、はんだ量過多で水滴状のはんだになりがちです。

このようになる一つめの理由は、鉛フリーはんだは、共晶はんだと比較するとフラックスが働いている状態でも粘度が高く流れにくいことです。二つめの理由は、融点が高いためフラックスの活性時間（揮発成分が蒸発するまでの時間）が短くなってしまうことです。フラックスを希

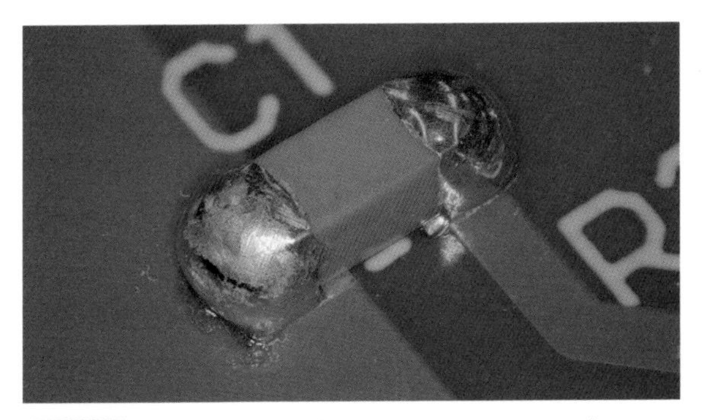

図2-7 はんだ量過多（セラミックコンデンサ）

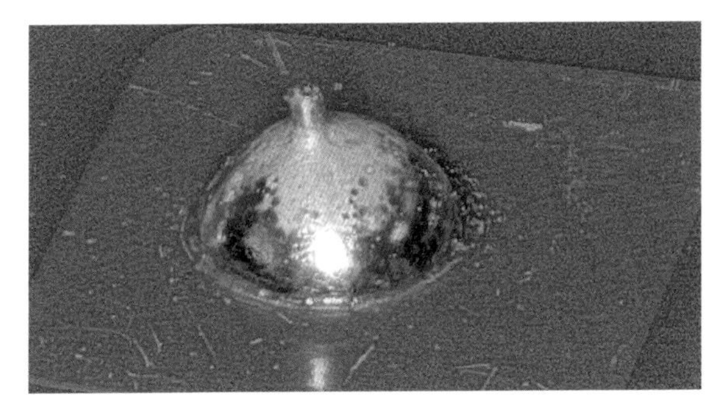

図2-8 はんだ量過多（スルーホールにリード線）

釈しているIPA（イソプロピルアルコール）の沸点は約82.5℃です。糸はんだから融け出たフラックスは、すぐに活性化して蒸発を始めます。

はんだ付けは、フラックスが活性化している短い時間内に終える必要があります。

フラックスは、はんだよりも低い温度（約90℃）で溶け出し、はんだよりも先に溶けて母材の金属表面を覆います。このとき、表面洗浄作用が働き、金属表面の酸化膜や汚れを洗います。フラックスの後を追って融けたはんだが、フラックスできれいに洗浄された母材の金属表面を流れていきます。この時、はんだの粘りは弱くなり、より流れやすくなります。

さらに、フラックスは母材の金属表面に流れたはんだの表面を覆ってコーティングします。高温で融けたはんだは、大気中では一瞬で酸化し始めます。しかし、フラックスでコーティングされていることで酸化を防げます。

ただし、フラックスでコーティングされている時間は非常に短く、数秒程度しかありません（フラックスはアルコール溶剤で希釈されているため蒸発が早い）。したがって、フラックスが融けたはんだの表面をコーティングしている短い時間内に、はんだ付けを完了させる必要があります。言い換えると、この短い時間内に約250℃で約３秒間という熱エネルギーをはんだに与える必要があるのです。

熱を効率よく伝えて素早くはんだが濡れ広がるようにしないと、はんだが完全に濡れ広がってフィレットを形成する前にフラックスが死んでしまいます（活性化が終了する）。この状態では、加熱すればするほどはんだが流れなくなり、酸化してボソボソの状態となってしまいます（**図2-9**）。これが、はんだがボソボソとなり、イモはんだになってしまう原因でもあります。

これを解消するにはフラックスが必要です。はんだ付け作業を経験し

図2-9 フラックスの活性化が終了した状態のはんだ

たことがある人は、糸はんだを追加すればはんだに内包されるフラックス（**図2-10**）の効果によって、流動性が復活することを経験的に知っています。そこではんだの流動性が悪くなると、糸はんだを追加しようとします。

ところが、フラックスと一緒にはんだを追加することになりますので、はんだの使用量が増えて適正量より多くなりがちです。鉛フリーはんだはフラックスの活性時間が短いため糸はんだを追加したくなりますが、それが結果としてはんだ量の増加につながってしまうわけです。

これを防ぐ方法のひとつとして、フラックスを塗布することが有効です。フラックスを使えば、はんだ量を増やさずにはんだの流動性が復活します。ただし、フラックスを塗布できない箇所（コネクタなど）がありますし、はんだ付け後には残ったフラックスの洗浄が必要です。フラックスの塗布は確実に手間を増やし、作業性を悪くします。

フラックスに頼らない改善方法の決め手は、先ほどと同様にハンダゴテとコテ先の形状の選択にあります。コテ先温度を360℃以上に上げずに、母材の温度をフラックスが活性化している短い時間内に上昇させるだけのパワーと、母材にコテ先を的確に接触させて短時間でコテ先の

図2-10 糸はんだに内包されるフラックス

熱を伝えられるコテ先の形状が必要です。ハンダゴテとコテ先選びがいかに重要か、おわかりいただけるでしょうか。はんだ付けの技術よりも、まずは適切な道具を選ぶ知識のほうが優先的に重要になります。

適切な道具を選ぶことができれば、鉛フリーはんだでも共晶はんだとほとんど変わらない流動性の良さを得られ、**図2-11**、**図2-12**のようなきれいなフィレットを形成した仕上がりが可能になります。

図2-11 適正なはんだ量とフィレットの形成（3528チップLED）

図2-12 適正なはんだ量とフィレットの形成（スルーホールにリード線）

2-4 フラックスが焦げてしまう

図2-13は、はんだ付けした箇所に付着したフラックス残渣が焦げたときの様子を撮影したものです。フラックスが焦げる原因は、簡単に言えば加熱時間が長すぎて、はんだ付け部が高温になり過ぎることです。図2-13をよく見ると、はんだ表面にはフラックス膜がなく、はんだ表面が剥き出しで空気に触れていることがわかります。はんだが高温で空気と触れたため、酸化して真っ白になり、表面がザラザラに変質しています。フラックスは円周に沿って溜まっており、黒く焦げています。

これに対して、適正な温度条件でフラックスが活きている（活性化している）間にはんだ付けを完了した場合は、**図2-14**のようにはんだ表面がほとんど透明な樹脂状のフラックス膜に覆われます。はんだ表面は一部に錫の結晶が現れて白っぽく見えますが、仕上がりは滑らかです。

加熱時間が長くなり、はんだ付け部が高温になってフラックス残渣が焦げてしまう要因は、ここまで取り上げてきた

①はんだが思うように融けない

②はんだが思うように流れてくれない

③はんだ量が多くなってしまう

と同じです。すなわち、はんだが融けにくいため、コテ先温度を

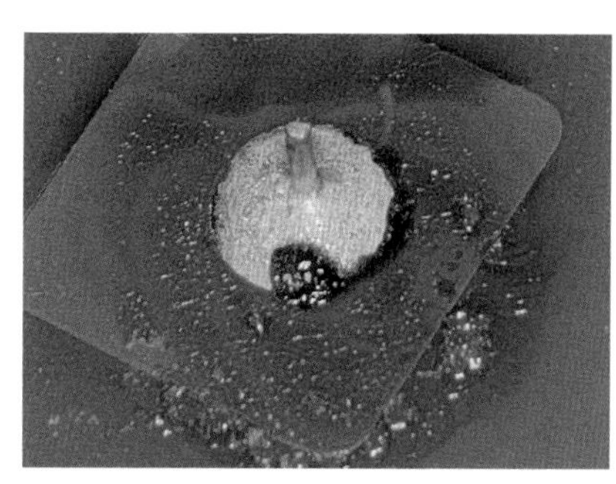

図2-13 フラックス残渣が焦げたもの

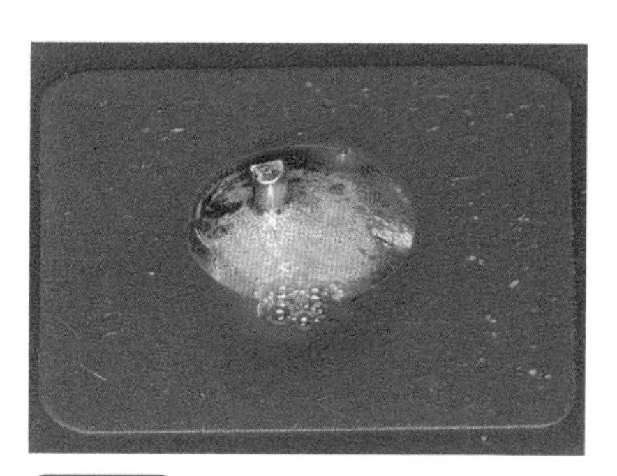

図2-14 フラックス膜でコーティングされたはんだ付け部

360℃以上の高温に設定する、あるいは、前述したようにフラックスが活性化している時間が短いという前提があるため、コテ先が酸化して熱が上手く伝わらず、はんだが濡れ広がる前にフラックスだけが蒸発しているのです。そして、はんだが思うように流れないので、流れるのを待つうちにさらに高温になり、フラックスが完全に蒸発して焦げているのです。

これらを改善するには、やはりハンダゴテとコテ先の形状の選択が決め手となります。作業者の技量よりも、まずは道具を最適化することが根本的な対策となります。鉛フリーはんだを導入する際は、ハンダゴテやコテ先などの道具を選ぶスキルを学ぶことが必須となります。

2-5 はんだが白くなってしまう(オーバーヒートしている？)

図2-15、**図2-16**、**図2-17**は、良好なフィレットが形成されていて、なおかつはんだ表面が白っぽく見えるはんだ付け部です（矢印で示している白い部分）。

「鉛フリーはんだを使い始めてから、オーバーヒートして困る」という相談を受けることがありますが、この白さはオーバーヒートではありません。**図2-18**は、はんだ付け完了後の白っぽいはんだ表面を実体顕微鏡で拡大して写真に撮ったところです。

氷の結晶のような細かい筋が見えますが、これは錫の結晶が現われたものです。この細かい筋が光を乱反射して白っぽく見えています。鉛フリーはんだは錫の成分が97～99%を占めているため、高温で融けた状態から冷えて固体へ変化する際に結晶が表面に析出します。

また、この結晶は、はんだが固まるスピードによって析出の度合いが変わります。**図2-19**は、基板のスルーホールに同じような部品のリードをはんだ付けしたものです。

同じハンダゴテ、コテ先を使用して同じ温度ではんだ付けしたもので

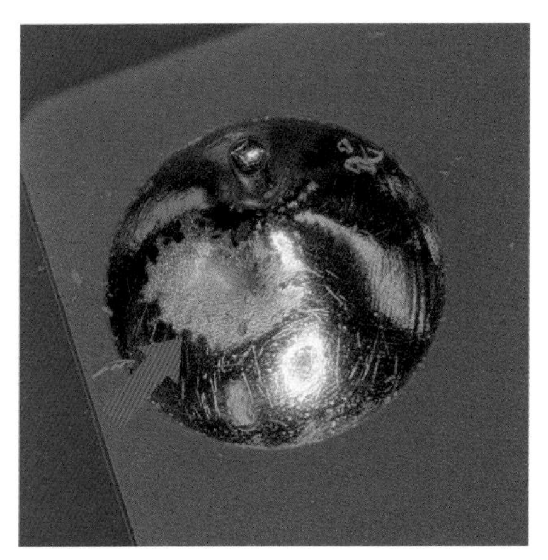

図2-15 スルーホールにリードを挿入してはんだ付け

図2-16 チップ抵抗のはんだ付け

図2-17 基板パターン面にリードをはんだ付け

すが、白矢印の箇所は全体が真っ白に見えます。対してオレンジ色の矢印の所はピカッと光っている面積が大きいことが分かります。

この仕上がり状態を見て、白矢印のはんだ付けを「オーバーヒートではないか？」と質問される人は多くいます。この白っぽさの違いがどこから生じているかを見てみましょう。

図2-20の線で囲まれた部分の色が、周囲と比べると異なることがわかります。この部分には、銅パターンがあります。ガラエポ基板（ガラ

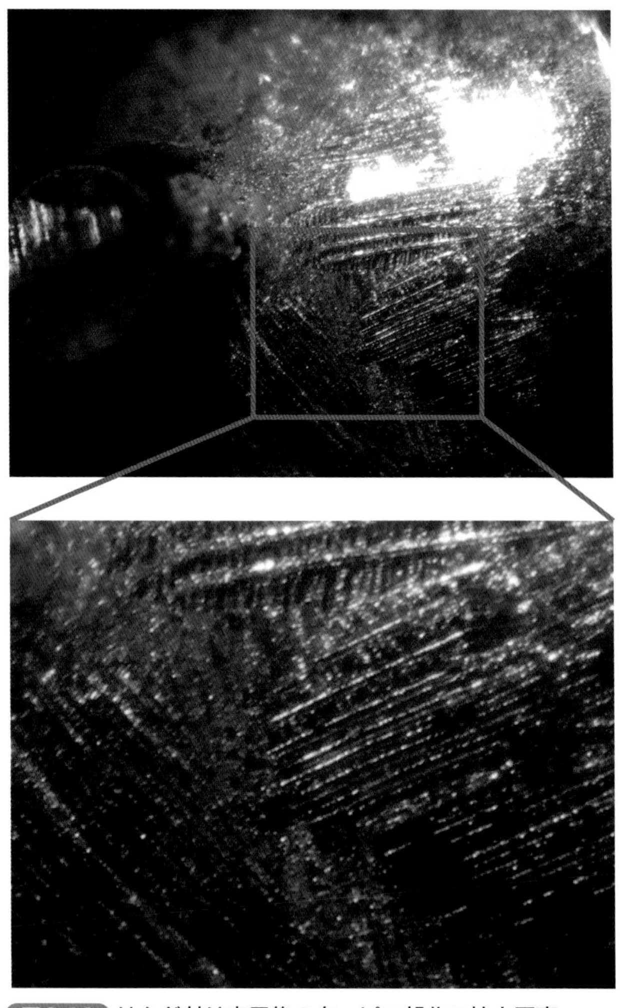

図2-18 はんだ付け完了後の白っぽい部分の拡大写真

ス繊維をエポキシ樹脂で固めて製作した基板）の表面に銅箔を貼り付けて電気回路を設けているところです。この部分を拡大してみると、**図2-21**のようになります。

銅パターンがある左側のはんだ付け部はピカッと光っていることがわかります。さらに**図2-22**は、はんだ付け部の片側にだけ銅パターンが

図2-19 結晶析出度合いの比較

図2-20 銅パターンがある場所

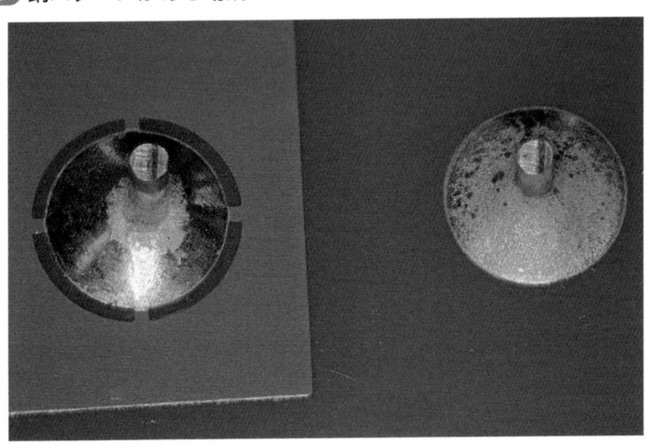

図2-21 銅パターンのある部分のはんだ付け

ある部位の拡大写真です。

これを見ると、銅パターンが接続された右側のみが、ピカッと光っていることがわかります。これは、銅パターンから熱伝導によって熱が逃げたために、はんだが早く冷えて固まり錫の結晶がほとんど析出しなかったことが原因です。したがって、はんだ付け条件が適切であれば、はんだの表面が白っぽく見えても（すなわち、錫の結晶が析出しても）品質的には問題ありません。白っぽく見える箇所には熱が逃げやすい銅パターンが接続されていないケースが多いため、基板を確認してみてください。

ちなみにオーバーヒートを起こした場合を見てみましょう。**図2-23**はその時の写真です。フラックスが周囲に集まって焦げ、はんだの表面全体が白くなっています。フラックスが洗浄されていない場合はフラックスの状態を観察することで、オーバーヒートを起こしているかどうかを見分けることが可能です。また、はんだの表面は、無数の深い溝が集まったように凸凹になっています。オーバーヒートと錫の結晶の違いは、実体顕微鏡などで拡大して観察すると、その違いを肉眼でも見分けることができるようになります。

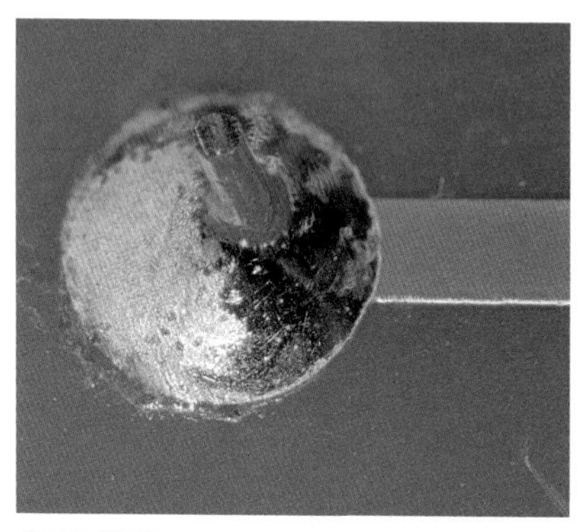

図2-22 銅パターンに接続されたはんだ付け部

図2-23 オーバーヒート不良を起こしたはんだ付け

2-6 基板のパターンが剥離する、部品を壊す、変形させる

基板のパターンが剥離したり、部品を壊したり変形させたりする不具合も、鉛フリーはんだを使用し始めた時には発生しやすいものです。この不具合の原因も2-2、2-3と同じく、はんだが思うように融けず流れにくいため結果として加熱時間が長くなり、基板や部品が高温になり過ぎることによって起こります。

また、はんだが融けないと、コテ先を基板や部品につい強く押し当ててしまう人が多いことも要因の一つです。実際には、力を入れても熱は伝わりません。コテ先は軽くそっと当てるようにしたほうが、コテ先と母材の間に融けたはんだが介在して接触面積を大きくするため、熱を伝えやすくなります。

図2-24は、基板の銅パターンの剥離が起こり、浮いてしまった写真です。基板は紙フェノール、またはガラエポが基材で、その上に銅箔が接着剤で貼り付けてあります。高温に加熱して力を加えると簡単に剥離してしまいます。また、**図2-25**は加熱しすぎてLEDが壊れた写真です。電子部品の耐熱温度は300℃程度のものが多く（半導体が使用されているLEDやダイオードなどは280℃程度で壊れるものもある）、溶

図2-24 基板のパターンが剥離（左は正常なもの）

図2-25 部品の融け・壊れ（LEDが点灯しない）

融はんだの温度を300℃以上に上げてしまうと（加熱時間が長くなって）壊れる可能性が高くなります。そのため、フラックスが活性化している短い時間内にコテ先の熱を的確に伝えてはんだを流し、溶融はんだを250℃程度の温度に抑えて、はんだ付けを完了する必要があります。LEDやダイオードは一見して熱による変形がなかったとしても、半導体内部に配線されている極細線が切れると動作しなくなってしまうので、特に熱のかけ過ぎには注意が必要です。

2-7 基板のパターンが消失してしまう

鉛フリーはんだは、銅や鉄、銀や金などの金属と相性がよく、溶融した鉛フリーはんだに触れている金属を、溶融はんだの中に溶け込ませる働きがあります。この現象を「食われ」と呼びます。このため、基板上に構成された銅箔による電気回路（パターン）は、はんだ付けすることで厚みが薄くなっていきます。何度も修正作業を行うと、**図2-26**のようにランドが溶けたり、**図2-27**、**図2-28**、**図2-29**のように、パターンが溶けたりして消失し、断線する原因となります。特に細いパターン

図2-26 ランドの消失（左は正常なもの）

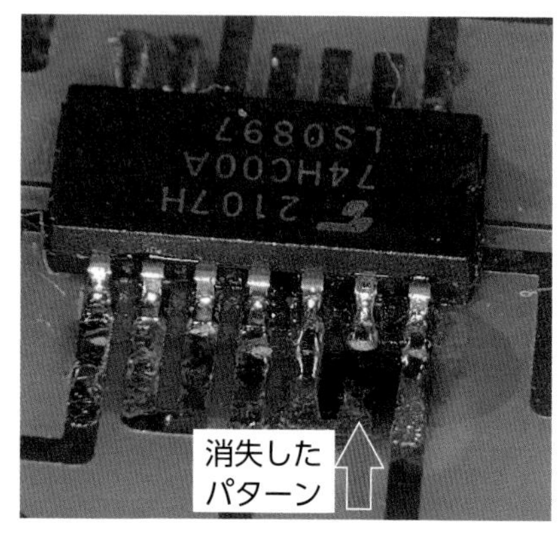

図2-27 食われて消失し断線したパターン①

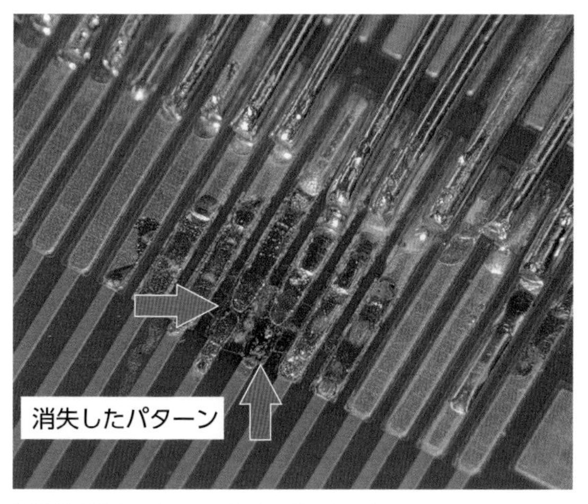

図2-28 食われて消失し断線したパターン②

図2-29 消失したパターンの拡大図

の場合は、修正に時間を掛けたり、何度も修正したりするのは避けるのが望ましいでしょう。

2-8 極細のリード線が折れてしまう

これも鉛フリーはんだによる「食われ」が原因です。細い銅線（太さ

φ0.1mm以下）をはんだ付けする場合、予備はんだを行うだけでも細い銅線は鉛フリーはんだに溶け出して痩せてしまいます。**図2-30**は、太さφ0.1mmの錫メッキ線（銅線に錫メッキを施した線）にハンダゴテで融けたはんだを接触させたものです。中央部が大きく痩せており、触れただけで折れてしまいます。

たとえば、トランスから出される細いエナメル線（ポリウレタン銅線＝銅線にポリウレタンをコーティングした線）をはんだ付けする時などは、はんだポットなどで予備はんだをしてから端子に巻き付けてはんだを行うことが多いですが、食われ現象によりエナメル線が痩せて簡単に折れてしまうなどの不具合が起こりやすくなっています。こうした現象は共晶はんだではほとんど起こりませんので、鉛フリーはんだ特有の現象と言えます。

食われを防止するには、なるべく低温（260℃程度）ではんだ付けを行い、溶融はんだに触れる時間を短くする必要があります。ただし、接合のためには合金層を形成するだけの熱エネルギーが必要ですので、食

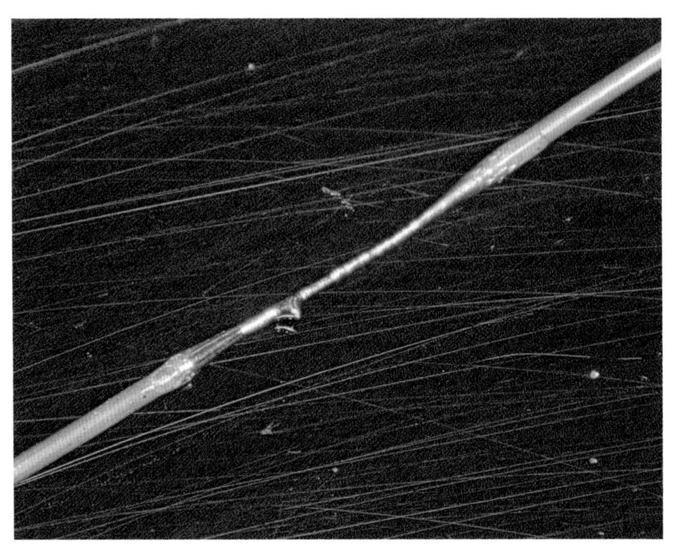

図2-30 痩せてしまったφ0.1mm錫メッキ線

われ対策とはんだ付け接合のどちらも満足できるギリギリのバランスを考慮する必要があります。

2-9 ハンダゴテのコテ先がすぐに痩せたり、穴が開いたりしてしまう

鉛フリーはんだを使用してはんだ付けを行うと、共晶はんだと比較してコテ先の消耗は3倍ものスピードで進みます。これは2-7、2-8でも触れた「食われ」の影響です。はんだゴテのコテ先は、素材に純銅が使用されています。すなわち、熱伝導性に優れています。しかし、純銅がそのままむき出しで使用されていると共晶はんだでもどんどん食われてしまう（鉛フリーはんだでは、たちまち食われて変形してしまいます）ので、表面は鉄が数百μmの厚さでメッキされています（**図2-31**）。

ところが表面の鉄メッキも、銅より食われにくいものの徐々に食われていきます。鉄メッキが薄くなってくると鉄原子の間から銅の原子が染み出して、コテ先は痩せていきます。やがて鉄メッキに穴が開くとコテ先の内部の銅は溶け出してしまうため、空洞ができ熱を伝えられなくなってしまいます（**図2-32〜図2-36**）。

コテ先の食われによる消耗は、特にコテ先温度を高温に上げた時に顕著になります。400℃以上の高温では数十分で使用できなくなることも珍しくはありません。また、海外の安価なハンダゴテに付属するコテ先には、鉄メッキが非常に薄かったり、まったく鉄メッキがされていなかったりするものがあります。こうしたコテ先を使用すると、340℃程

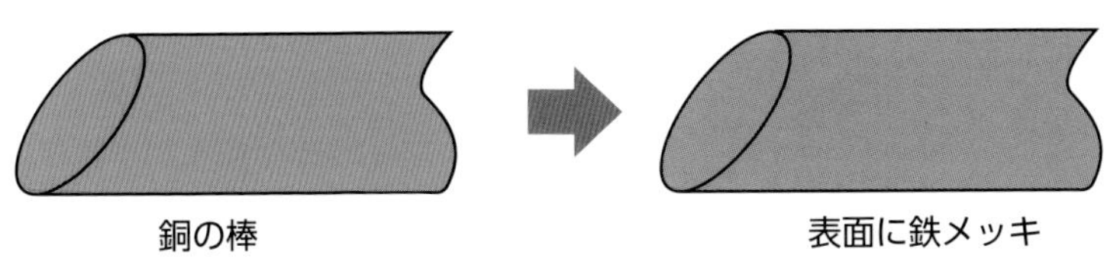

図2-31 コテ先の構造

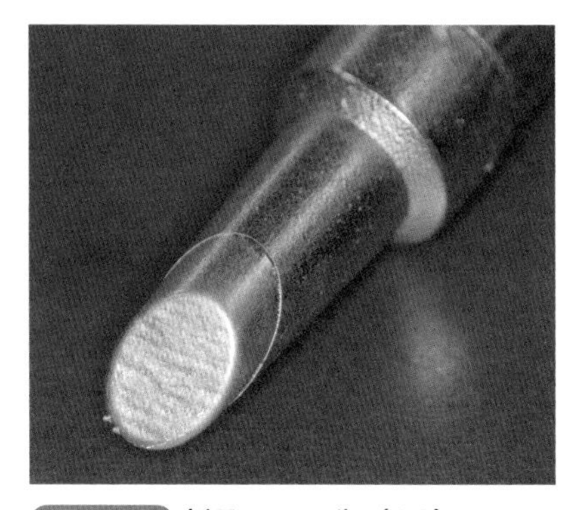

図2-32 新品のコテ先（3C）

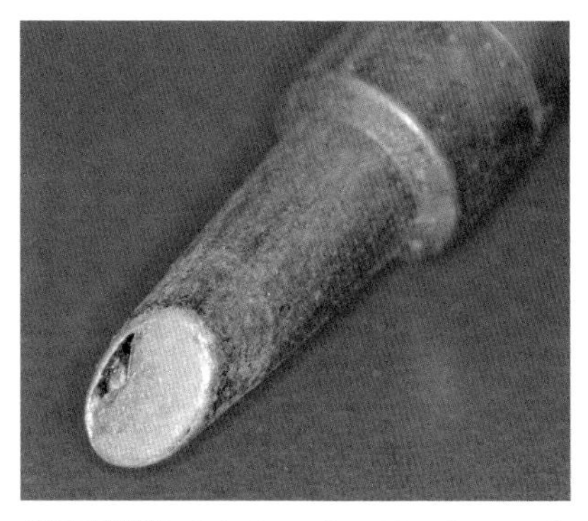

図2-33 食われて穴の開いたコテ先（3C）

度で正しく使用していても数十分で使用不能になります。はんだ付けの

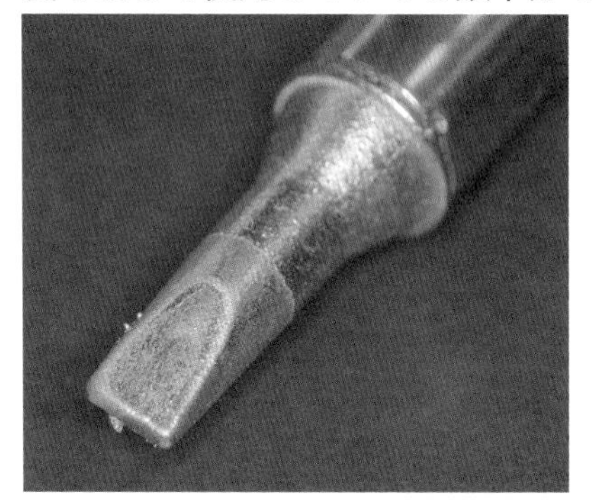

図2-34 新品のコテ先（2.4D）

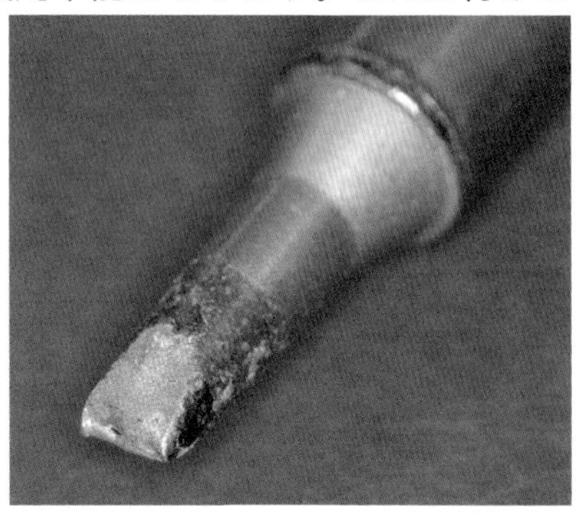

図2-35 食われて穴が開き、先端が溶けてしまったコテ先（2.4D）

図2-36 コテ先の穴があいた部分

ことを理解していない模倣メーカーの製造したハンダゴテやコテ先は購入しないよう、注意が必要です。

2-10 はんだの値段が高い

新興国の成長に伴う資源価格の高騰により、ここ数年で鉛フリーはんだを構成している錫、銀、銅の価格は急騰しています。特に銀は地球上の埋蔵量に限りがある希少金属であるため、資源の枯渇も心配されている状態です。一方で、鉛は地球上に豊富に存在するために非常に安価で取引されています。従来の鉛入り共晶はんだが成分の40%を鉛が占めていて安価だったのに対して、鉛フリーはんだは成分の97%以上を錫が占めます。錫自体の価格はこの数年ほど（2016～2022年）で、2倍近く値上がりしています（**図2-37**）。

銀の価格も同様に2倍以上に値上がりしているため、はんだ付けに使用するはんだの材料コストは、共晶はんだを使用していたころと比較すると、10倍以上にもなりました。

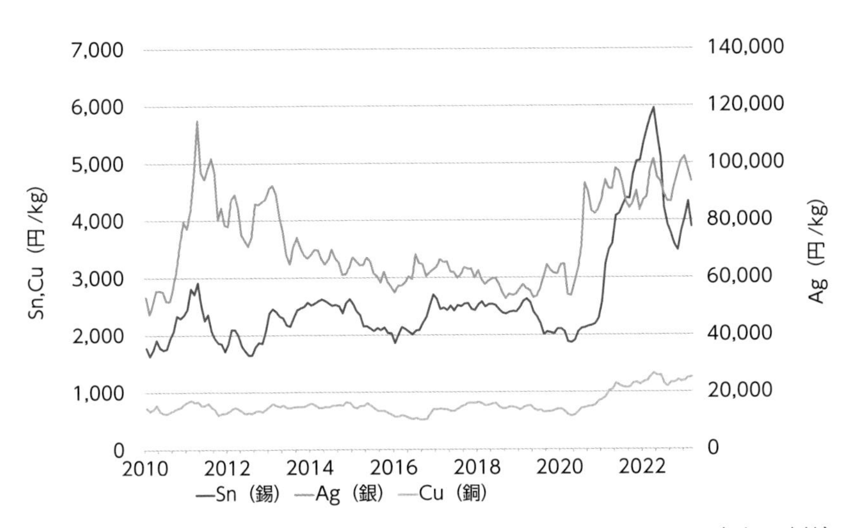

図2-37 錫、銀、銅の価格（出典：Sn：日経新聞平均　Ag/Cu：国内山元建値）

現在のところ、はんだ付けに取って代わる電子部品の接合技術は、まだ現れていません。そのため、今後もエレクトロニクスの発展に伴い、はんだの値段は上昇していくと予想されます。

第3章

共晶はんだとの分離

3-1 鉛フリーはんだの規制量

1章でも解説した通り、RoHS指令によって、はんだに含まれる鉛の濃度は1000ppm以下に管理するよう規定されています。1000ppmという基準値はかなり厳しい数値であり、きちんとした管理ができていないと、いとも簡単に鉛の含有量が基準値を超えてしまいます。たんに現行で使用している糸はんだを鉛フリーはんだに交換するだけでは、1000ppmという基準値を守ることはできません。

また、いったんRoHS対応品としてヨーロッパへ輸出した製品から基準値を超える鉛成分が検出されると、輸出の停止や製品の回収などの重大なクレームにつながる恐れがあります。そのため、RoHS指令対策は厳重に行う必要があります。

3-2 鉛フリーはんだに鉛が混入する理由

では、どのような場面で鉛成分の混入が起こるのでしょうか？　いくつかの場面を考えてみましょう。

たとえば、共晶はんだから鉛フリーはんだへ移行する場合、一時的に共晶はんだと鉛フリーはんだを共存して使うような状況になる場合があります。こうした移行時期に、ハンダゴテを共晶はんだと鉛フリーはんだで共用してしまうケースが考えられます（**図3-1**）。すでに製造ラインでは100％鉛フリーはんだ化が完了していても、製品や設備の保守のために共晶はんだを使った古い基板を修理するような場面があるかもしれません（**図3-2**）。

また、しばらく使っていなかった古いハンダゴテを使用したところ、以前は共晶はんだを使っていたために鉛が混入してしまったというケースもあります（**図3-3**）。さらには、コテ先温度計やはんだ付けのための治工具、ピンセット、ニッパーなどを試用に使ったさい、共晶はんだを使用し

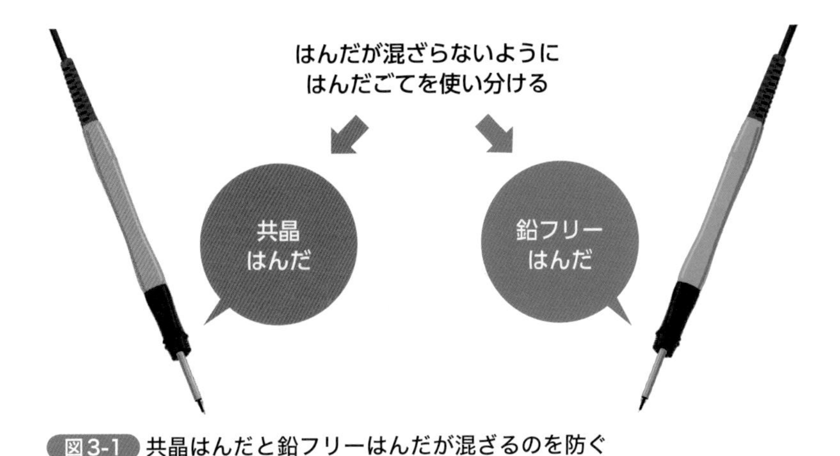

図3-1 共晶はんだと鉛フリーはんだが混ざるのを防ぐ

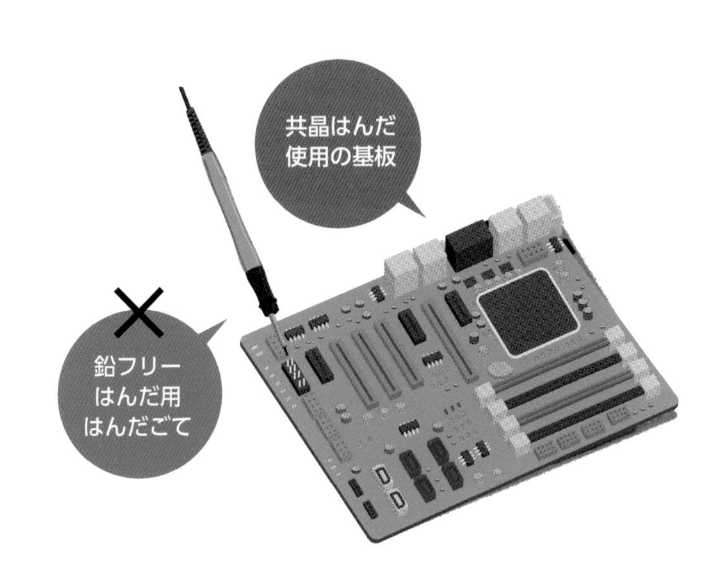

図3-2 共晶はんだを使用した基板に鉛フリーはんだ用のはんだごてを使用しない

てそのまま元の場所に戻しておいたというケースもあります（**図3-4**）。

こうした状況で鉛の混入が起こることがあります。はんだ付けされた製品は確実に鉛に汚染され、1000ppmの基準値を超える鉛成分が検出されてしまいます。

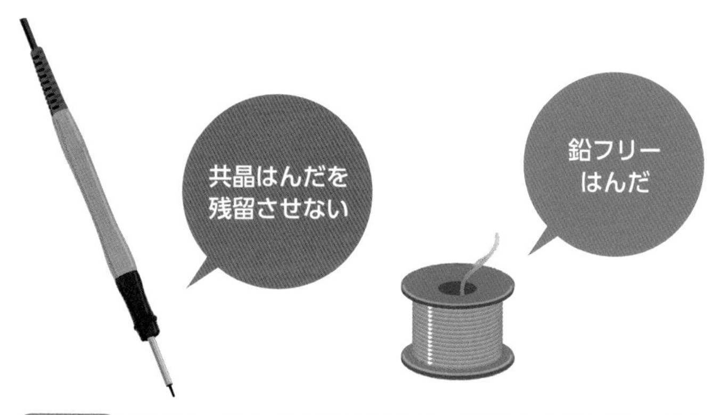

図3-3 鉛フリーはんだを使う場合は、残留する共晶はんだを取り除いてから

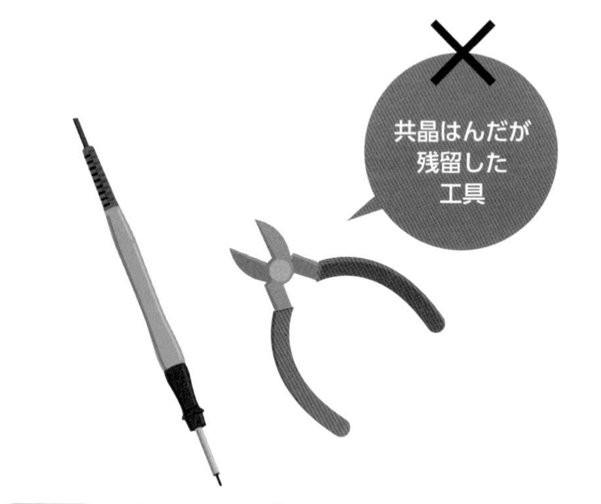

図3-4 共晶はんだが付着している工具と一緒に保管しない

3-3 鉛の混入を防ぐ方法

鉛の混入を防ぐにはどうすればよいでしょうか？　まずは、作業者への徹底した教育が必要です。管理者を含め、はんだ付けに携わる人全員が、RoHS対応の鉛フリーはんだを取り扱う際には共晶はんだの誤使用や鉛の混入の恐れがあることを認識する必要があります。その上で誤っ

て共晶はんだが混入しないように細心の注意を払う必要があります。なお、こうした教育のためのセミナーも開催されています。「RoHSセミナー」「RoHS講習会」で検索すると見つかります。

次に、RoHS対応製品を取り扱う作業工程に、誤って共晶はんだが混入しないような「うっかり」を防ぐ仕組みが必要です。たとえば、新工場や新しい製造ラインであれば、はんだ付けに関する設備を一新して、共晶はんだを一切工場に入れないようにするのは有効な手段です。そこまで徹底的にできない場合でも、「棟を分ける」「部屋を分ける」「仕切りで区分けする」「作業台を完全に分離する」など、共晶はんだと鉛フリーはんだの作業区を完全に分離する方法もひとつです。

また、うっかり鉛フリーはんだ用の道具で共晶はんだを使用しないようにする必要があります。ハンダゴテはもちろんですが、周囲の治工具や補材についても、表示を徹底しておく必要があります。治工具や補材がRoHSに対応しているかどうかを表示するには、シールやラベルなどを貼り付ける方法が簡単で効果的です。たとえば、**図3-5**のようなシールは、インターネットで探せば簡単に手に入ります。

図3-5 RoHSシールの例

特に、WICKやピンセット、ニッパーなどは、「うっかり」誤使用してしまう恐れが大きいものです。こうした小物や消耗品には、つい表示を忘れがちです。しっかり表示して管理しておきましょう（**図3-6、図3-7**）。

また、部品の管理についても注意が必要です。新しい部品はRoHS対応になっていたとしても、在庫部品には共晶はんだでメッキされた古い部品が残っていることがあります。これも、はんだが混入する原因になります。部品棚や補材置き場についても、明確に表示・区分けして管理する必要があります。

2023年現在、宇宙、航空機、鉄道、船舶、電力、医療などのインフラや人命に関わる分野では、まだ鉛フリーはんだの使用は認められていません（信頼性が十分に証明・評価されていないため）。また、開発部門などで行われる試作の分野でも、共晶はんだが主流となっています。まだまだ、鉛入りの共晶はんだが世の中で使われていくことでしょう。人の教育と、混入させない仕組みづくりの両面からRoHS対策について取り組み、鉛の混入を防ぎましょう。

図3-6 コテ置き台への表示例

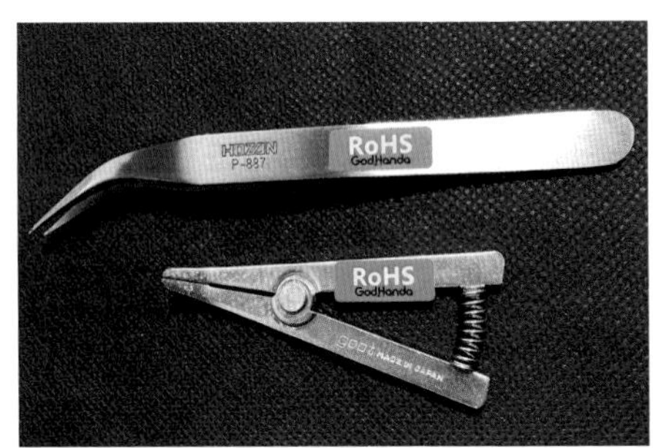

図3-7 ピンセット、ヒートクリップへの表示例

第4章

鉛の混入（汚染）と信頼性

4-1 鉛の混入ははんだ付けの信頼性を低下させる

3章では、RoHS指令への対策として、鉛フリーはんだに鉛を混入させない方法について解説しました。この章では、はんだ付けの信頼性の面から、鉛フリーはんだに鉛が混入した場合、どのような影響があるのかを見ていきましょう。

2023年現在、家電品では鉛フリーはんだ化がほとんど完了しています。また、電子部品についても、現在ではRoHS対応ができていないものを見ることはほとんどなくなりました。このため、鉛フリーはんだを導入したために起こる不具合を見聞きすることは、ほとんどなくなりました（各メーカーの工場が完全に鉛フリー化され、鉛が混入しなくなったためです）。

とはいえ、これから鉛フリーはんだを導入される分野も少なくはありません。また、電子部品の不足から古い部品を使う機会が今後出てくる可能性もあります。そのため、鉛フリーはんだに鉛が混入すると、どのような不具合が起こる恐れがあるのかを知っておきましょう。

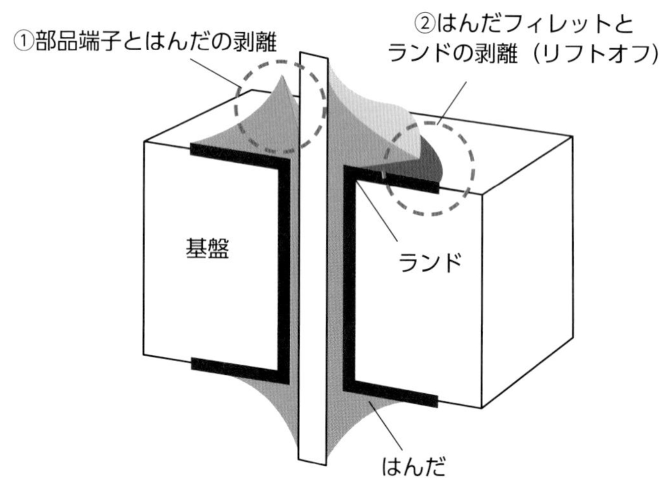

図4-1 はんだの剥離

図4-1は、鉛フリーはんだに微量の鉛が混入した場合に起こる不具合の一例です。一方は「はんだ剥離」と呼ばれており、①のように部品端子からはんだが剥離する不具合です。もう一方は②のように、はんだフィレットと基板のランド間が剥離する不具合です。こちらは「リフトオフ」と呼ばれています。

鉛フリーはんだが導入された当初は、このような不具合があちこちで多発しました。それでは、どうして、このような不具合が発生するのでしょうか？

4-2 はんだ剥離

まず、「はんだ剥離」が発生する条件を調べてみると、次の5つの共通の条件があることがわかりました。

①鉛フリーはんだ（銀入りのSn-Ag-Cu）が使用されている。
②あらかじめリフロー炉で表面実装部品をはんだ付けした基板に、リード部品などを挿入実装してフローはんだ（はんだ槽）付けされている（すなわち、基板が再加熱されている）。
③電子部品の端子やリードのメッキが鉛入り共晶はんだ（Sn-Pb）である（鉛フリーはんだが普及し始めた当初は、RoHS対応できていない電子部品が多かった＝鉛が入っていた）。
④フローはんだ付け時に、表面実装部品の端子やリードのはんだ付け接合部の温度が175℃以上まで上昇する。
⑤比較的、大型の表面実装部品である（温まりにくく冷えにくい）。

これらの条件から考えられる「はんだ剥離」のメカニズムについて、**図4-2**をもとに、簡単に説明してみましょう。

①図4-2のように、表面実装のリフローはんだ付けの時点で部品端子のメッキに含まれていた鉛が、鉛フリーはんだ中に溶け出して部品端子の接合部表面に集まってきます。これを偏析といいます。はんだ付けにおける鉛の偏析とは、鉛フリーはんだ合金中で、熱や時間の影響により鉛成分が不均一に分散する現象です。特に冷却が不均一な場合、鉛がはんだの特定の領域に集中し、他の領域には錫が多くなるという状況が生じます。鉛は、はんだが溶融して固まる時に、最後に固化する箇所に集まってきます（部品が大きいほど顕著です）。

②この鉛は、鉛フリーはんだ（Sn-Ag-Cu）に含まれる錫と銀と反応し、合金を形成して固まります（錫銀鉛・Sn-Ag-Pbの3元合金、融点178℃）

③次工程のフローはんだ（DIP槽）で、偏析が起こったはんだ付け接合部の温度が175℃を超えると、この3元合金だけが部分的に融けます。

④熱膨張などによる基板の反りなどで応力が発生し、偏析で融けた部分が剥離します。

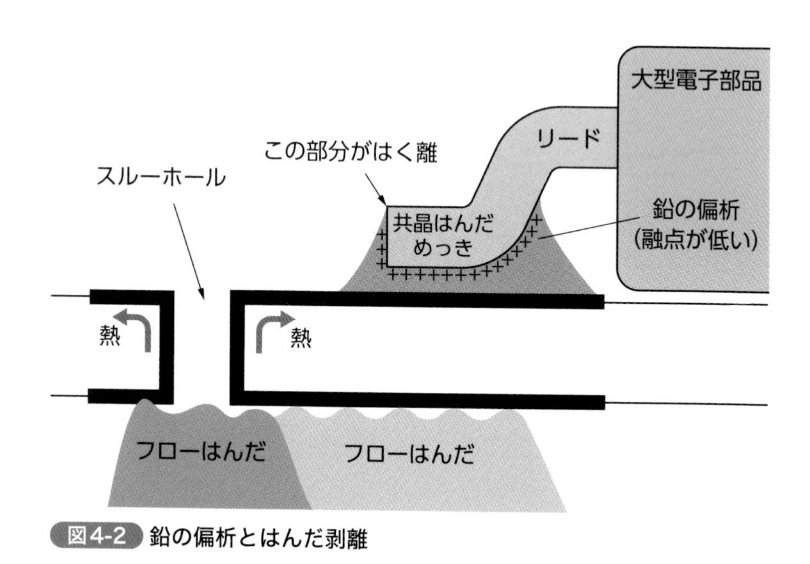

図4-2 鉛の偏析とはんだ剥離

4-3 リフトオフ

もう一方の「リフトオフ」というフィレット剥離が発生する場合にも、やはり共通の条件があります。

①鉛フリーはんだ（Sn-Ag-Cu）が使用されている。
②リードに鉛入り共晶はんだ（Sn-Pb）がメッキされた部品を使用している。
③スルーホール基板である（片面基板では起こらない）。

この不具合が発生するメカニズムも、「はんだ剥離」と同様です。

①図4-3のように、鉛の偏析が起こります。
②Sn-Ag-Pb（3元合金、融点178℃）が、部品面側の基板パターンのランド面との接合部に形成されます。
③偏析部分だけ融点が低くなり、はんだが固化する直前の最後まで液層になって残ります。
④基板の熱膨張と収縮による応力によって剥離します。

こうして見てみると、いずれの不具合も鉛フリーはんだ付けに微量の鉛が混入することによって発生することがわかります。特に基板が再加熱されたり、はんだがゆっくり冷えて固まったりする時には注意が必要です。

鉛フリーはんだが登場した黎明期には、こうした不具合の発生原因について未知の状況でしたから、剥離やリフトオフなどの不具合が多発したのもうなずけるかと思います。

したがって、特に電気・電子製品を取り扱う製造の最前線では、RoHS指令に対応するためだけでなく信頼性の面から考えても、鉛の混

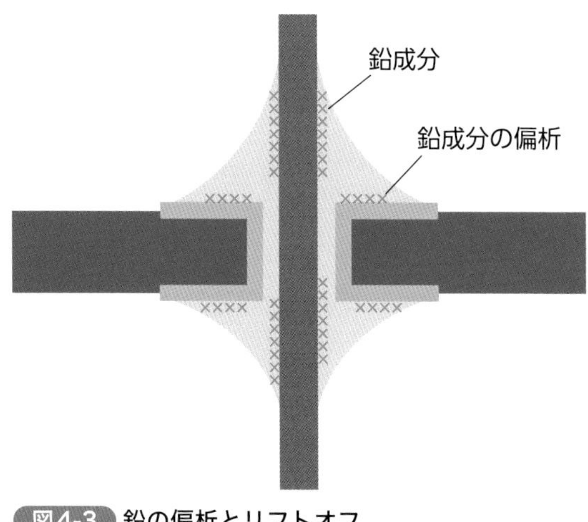

図4-3 鉛の偏析とリフトオフ

入・汚染には細心の注意を払わねばなりません。そのため、3章でも解説したように

①共晶はんだと鉛フリーはんだを完全に区分する
②RoHS指令の表示を明確に行う
③人の教育をしっかり行う

ということが非常に重要になります。

逆に、鉛入りの共晶はんだに鉛フリーはんだが混入した場合については、信頼性に大きな影響は与えないと考えてもよいと思います。たとえば、電子部品が錫メッキや鉛フリーはんだでメッキされている場合に、共晶はんだを使ってはんだ付けするケースはよくあると思います。Sn-Pb（錫ー鉛）の共晶合金は、その重量比が6：4付近であれば、少々錫の成分比率が高くなってもほとんど影響がありません。鉛の持つ包容力は素晴らしいともいえます。

第5章

鉛フリーはんだと共晶はんだの仕上がりの違い

2章で、鉛フリーはんだを導入したときのトラブルについて解説しました。そのうち、

②はんだが思うように流れてくれない
③はんだの量が多くなってしまう
⑤はんだが白くなってしまう（オーバーヒートしている？）
⑥はんだがボソボソとして、イモはんだになってしまう

でお話ししたように、鉛フリーはんだを使用すると、はんだ付けした後の仕上がりが「イモはんだのようになる？」「はんだ量が多くなってしまう？」と考える方もいると思います。

2章で解説したとおり、確かに鉛フリーはんだを使用すると、共晶はんだに比較して金属光沢がなく、白くザラザラしたところがある仕上がりになります。この原因は、錫の結晶が現れたためです。共晶はんだの場合は、はんだ付けの仕上がり状態の金属光沢によって、ある程度は良否の判断ができました（**図5-1**）。鉛フリーはんだの場合は、このような金属光沢による判断基準が使えません（**図5-2**）。

しかし、適切なハンダゴテとコテ先を選択して適切な温度条件ではんだ付けを行えば、フィレットが形成されてほとんど同じ形状になります。ただし、鉛フリーはんだは共晶はんだに比較すると熱による膨張と収縮の割合が大きいため、はんだが固まるときにしばしば表面に凹みが発生します。

さらに、この凹みが発生する際に「はんだクラック」に似た細かなひび割れが生じることがあります。このひび割れのことを「引け巣」と呼びます。引け巣ははんだクラックと異なり、時間の経過とともにひび割れは進展しないとされており、品質面では問題ないとされています。

引け巣とはんだクラックの違いを見分けるには、再溶融してみるとわ

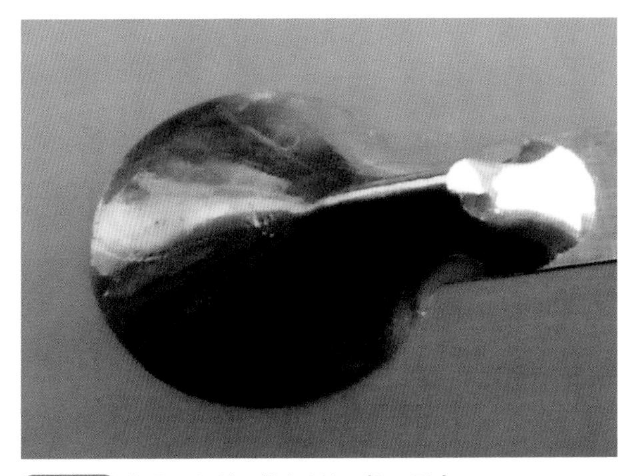

図5-1 共晶はんだの仕上がり（Sn-Pb）

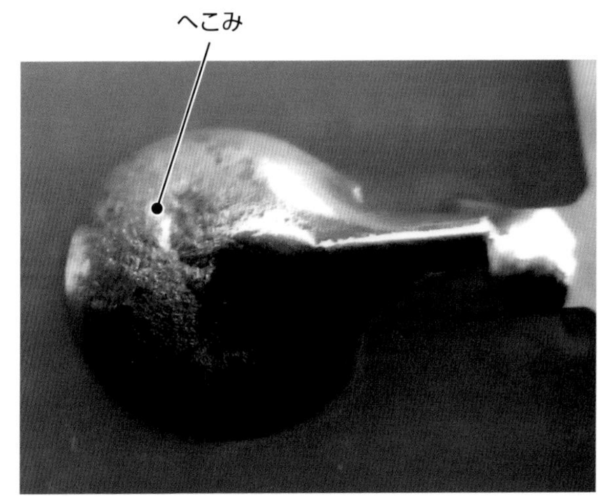

図5-2 鉛フリーはんだ仕上がり（Sn-Ag-Cu）

かります。再溶融して同じようにひび割れが生じるのであれば引け巣、キレイに修正されてしまう場合ははんだクラックであったと考えられます。それでは、共晶はんだと鉛フリーはんだを使って同じ部品をはんだ付けした場合の仕上がり状態を比較してみましょう。

図5-3〜図5-9は、それぞれ共晶はんだと鉛フリーはんだを同じ条件ではんだ付けしたものです。比較してみると、どちらも鉛フリーはんだを使用したほうが、白っぽくて金属光沢がありません。しかし、フィレットの形状にほとんど違いがないのもお分かりいただけるかと思います。

図5-3 共晶はんだ（Sn-Pb）

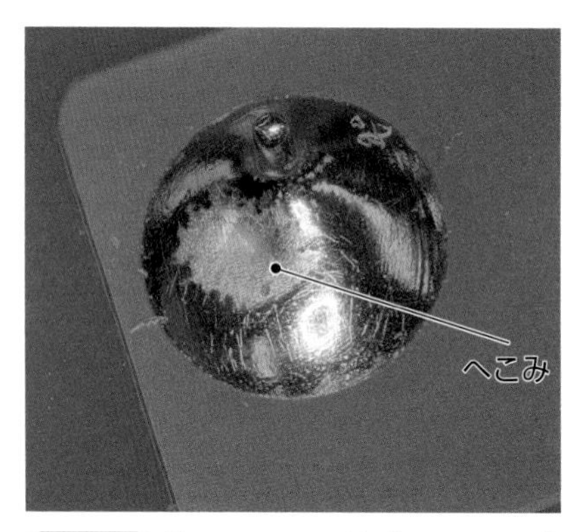

図5-4 鉛フリーはんだ（Sn-Ag-Cu）

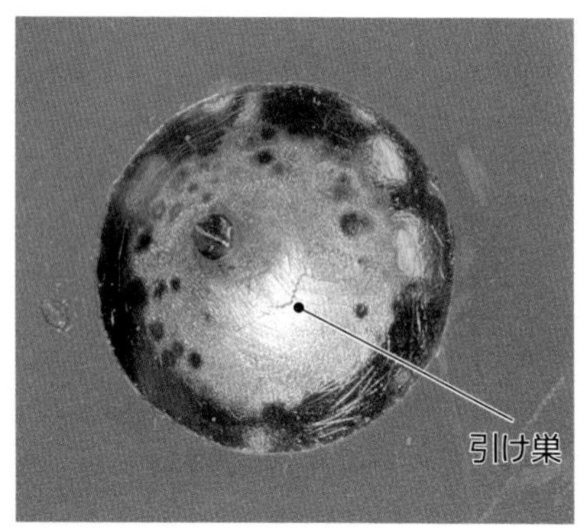

図5-5 鉛フリーはんだ（Sn-Ag-Cu）

すなわち、鉛フリーはんだで良否を判断するためには、フィレットの形状を観察することが最重要となります。それではここで、鉛フリーはんだを使ったはんだ付けのよいフィレットの例をいくつか見てみましょう（図5-10〜図5-18）。

図5-6 共晶はんだ（Sn-Pb）

図5-7 鉛フリーはんだ（Sn-Ag-Cu）

図5-8 共晶はんだ（Sn-Pb）

図5-9 鉛フリーはんだ（Sn-Ag-Cu）

図5-10 ダイオード
（表面実装型）

図5-11 トランジスタ
（スルーホール挿入型）

図5-12 Dサブコネクタ

図5-13 SOP（8ピン）表面実装型

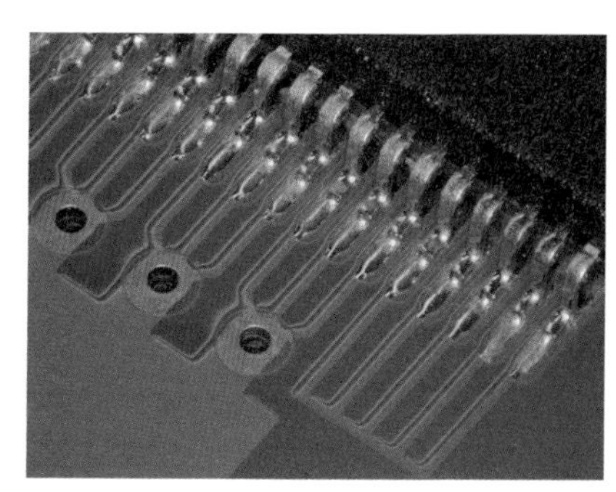

図5-14 QFP（100ピン）拡大　表面実装型

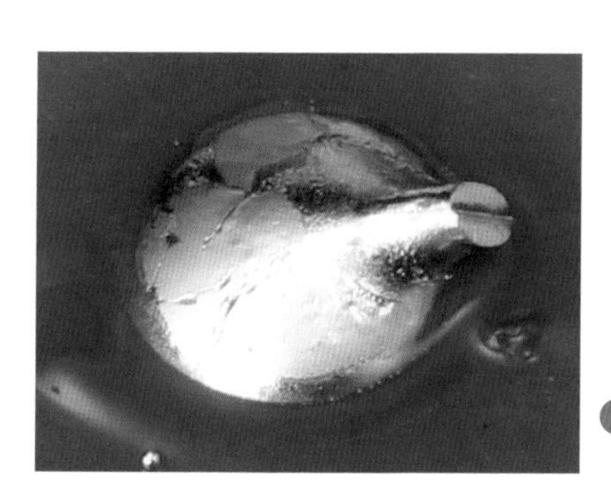

図5-15 スルーホール挿入型
クリンチ（リード曲げ）

図5-16 カップ端子

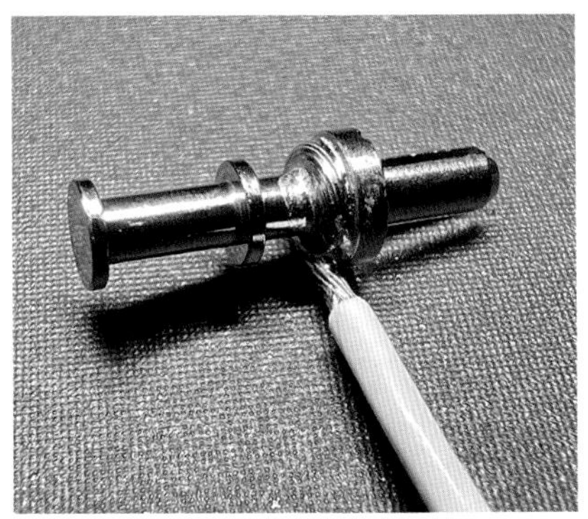
図5-17 ターレット端子

図5-18 ラグ端子

いずれも、フィレット形状やはんだ量は共晶はんだと変わらない状態に仕上げられることがわかります。ハンダゴテとコテ先の選択を的確に行い、はんだ付けの温度条件を整えてやれば、よいフィレットを形成することができます。

第6章

鉛フリーはんだに使用するハンダゴテとコテ先選び

ハンダゴテの選び方については、すでに2章の「①はんだが思うように融けない」でお話ししましたので、ここでは割愛します。この章では、2023年3月現在、各ハンダゴテメーカーから販売されている最新のハンダゴテを紹介します。

道具選びが重要なことは理解できても、「いったい何を選んだらよいのかわからない」という方は多いと思います。この章が道具選びの参考になれば幸いです。

「これは！」と思うハンダゴテがあれば、ハンダゴテメーカーのウェブサイトから申し込めば、デモ機を借りることができます。はんだ付けの対象となる母材に合いそうなコテ先数種類と共に借りて、実際に試した上で選ばれるとよいでしょう。

6-1 高出力高熱容量のハンダゴテ

個人が使うためのものではありませんが、たとえば制御盤に使用される電力ケーブルには、直径が1cmを超えるような太いものがあります。従来、こうしたケーブルをコネクタにはんだ付けするために、全長450mm、重量1.5kgもあるようなハンダゴテを、大人が2人がかりで苦労してはんだを融かしていました。

ところが現在では、ハンダゴテ部分の重量は50〜60g程度と劇的に軽くなり、340℃程度の低いコテ先温度でもはんだをサクサク融かせる、パワーのあるハンダゴテが登場しています。こうしたハンダゴテを使えば、一人でも短時間ではんだ付けをすることが可能です。**図6-1**、**図6-2**のようなハンダゴテを使えば、板金のはんだ付けも可能です。

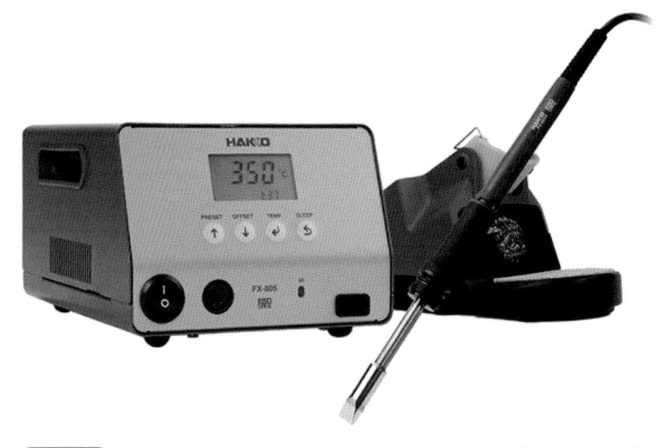

図6-1 400Wの高熱容量ハンダゴテ（HAKKO製 FX-805）

400Wのヒーターが内蔵されており、すぐに加熱される。大容量ではあるが、コテ先は非常に軽量。電源基板や、通信機器のシールドケースのはんだ付けに最適。

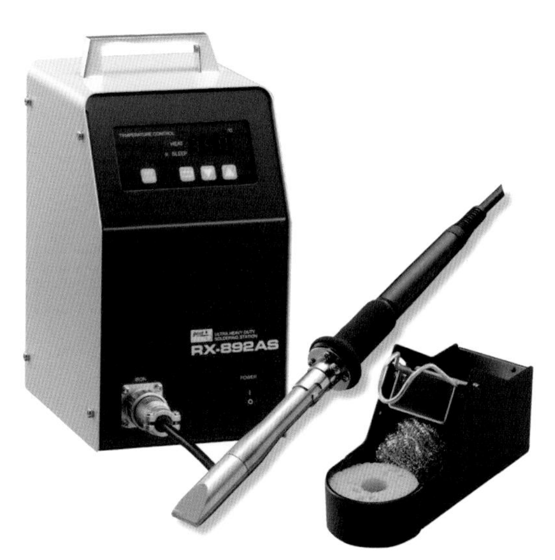

図6-2 500Wの高熱容量ハンダゴテ（太洋電機産業製 RX-892AS）

500Wのヒーターを搭載し、熱回復特性がよい。従来のハンダゴテでは困難な用途にも対応可能な次世代型

6-2 小型でコテ先が細いのにハイパワーのハンダゴテ

近年、基板は小型化・密集化のために積層基板が用いられており、小型の電子部品をはんだ付けする場合でも、大きな熱量が必要になっています。また、部品同士の距離が短くなって密集しているため、大きな熱量が必要な場合でも太いコテ先が使えない状況が多くなってきています。

これらをはんだ付けするための条件を満たすには、細いコテ先でありながら大熱容量を持つという、非常に矛盾した性能が必要です。矛盾した条件をいかにしてクリアするのかが、各ハンダゴテメーカーの腕の見せどころになります。

ただし残念ながら、「これさえあればすべての形状に対応できる」というハンダゴテはありません。各メーカーに特色があり、得意とするはんだ付け対象物は異なります。本体の出力が小さくても、コテ先の形状がマッチすれば、簡単にはんだが融かせることも珍しくはありません。

このクラスのハンダゴテは、ステーションに数種類のグリップ部を装着することで、太い高出力のコテ先から極細のコテ先まで、多種多様なコテ先が使えるようになっています。まずは「これは使いやすそうだな」「かっこいいな」といった観点から、いくつか選んでみましょう。

それから、ハンダゴテメーカーにデモ機のレンタルを打診します。このときに忘れてはならないのは、どのような母材をはんだ付けするのか、ハンダゴテメーカーに詳しく伝えておくことです。その上で、いくつかの形状の異なる交換用コテ先をデモ機と一緒に送ってもらいます。

ハンダゴテは実際に使ってみないと、その使いやすさはわかりません。写真では使い勝手がよさそうに見えていても、実はハンダゴテに接続されるケーブルが太く硬くて取り回しが悪かったり、グリップの形状が手に合わなかったり、実際に作業する人の手には大きすぎたりすることがあります。他にも、しばらく使用しているとグリップが熱くて持っていられなくなるものもありますから、必ず実際に使用してみてから選ぶことをお勧めします。

それでは、各メーカーの代表的な、細くてパワーのあるハンダゴテとコテ先を紹介します（**図6-3**）。ただし、ここで紹介するハンダゴテは、各ハンダゴテメーカーの最上位機種に相当するもので、かなり高額です。一般の個人が趣味で電子工作を行うレベルであれば、ここまでの精度や性能は必要ありません。また、ここに紹介した以外にも、メーカーから小型の電子部品に対応したさまざまなハンダゴテが出ています。選ぶ際には、コテ先の加工精度も重要なポイントです。

①コテ先を複数台セット可能なハンダゴテ（太洋電機産業株式会社製 RX-822AS）

2本同時にコテ先を準備できる。出力は3段階から選択可能で、さまざまな部品に対応できる。

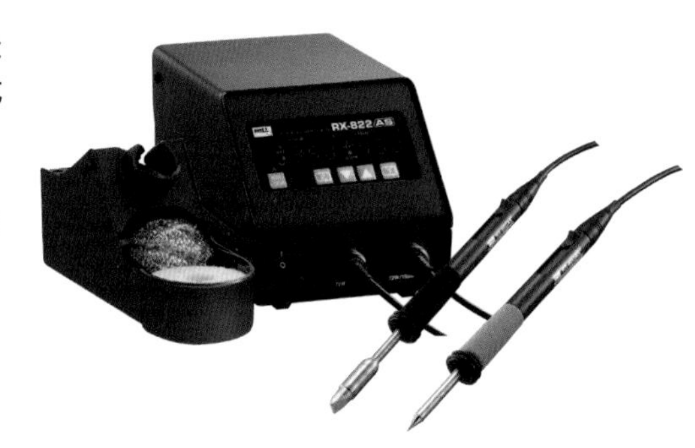

細くて精度の高いコテ先（太さ2.9mm）

RX-822ASに装着するマイクロソルダリング用のコテ先。出力は36Wだがコテ先の加工精度が非常に高く、0402部品（0.4mm×0.2mmの部品）や0201部品（0.25mm×0.125mmの部品）サイズの部品をはんだ付けする際に、コテ先を的確に当てることができる。

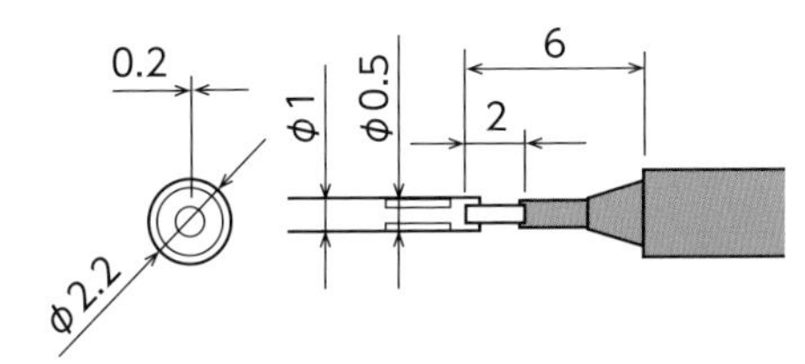

RX-81HRT-0.5D

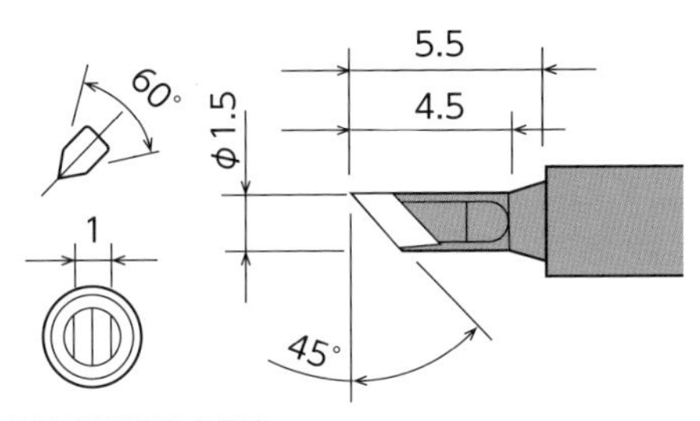

RX-81HRT-1.5K

図6-3 業務用のハンダゴテ

ココがポイント!

極小部品のはんだ付けには、コテ先の加工精度が大きな影響を及ぼす。尖っているところ、角ばっているところが丸くなっていると、的確にコテ先を当てて熱を伝えられないためである。

②コンパクトながら作業範囲が広いハンダゴテ（HAKKO製FX-971）

出力は100Wで、幅広いはんだ付け作業ができる。ディスプレイのティルト機能や耐熱パットが不要なこて先交換機構などが付属している。

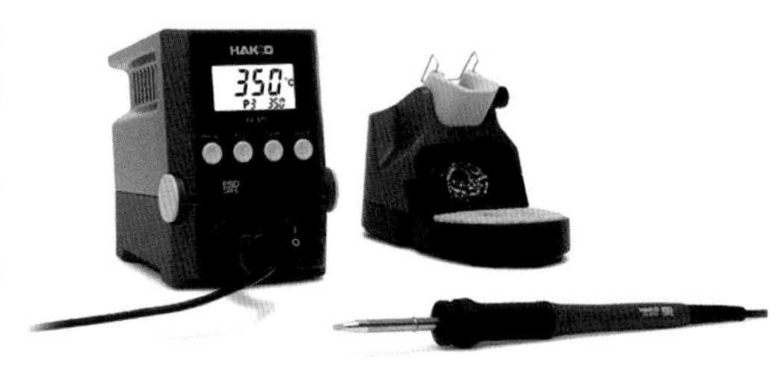

③マイクロハンダゴテ（HAKKO製 FX-9703（FX-971のオプション）

図6-5のオプション品。FX-9703では0402サイズのチップ部品もはんだ付け可能。

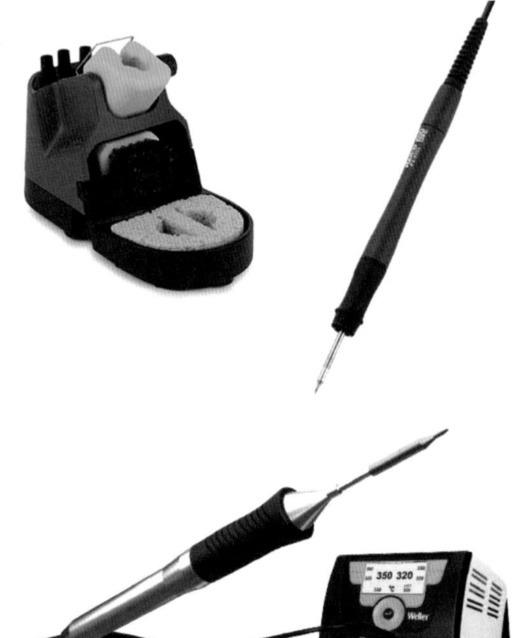

④コアに銀を使って熱伝導率を高めたハンダゴテ（Weller製（日本ゲスコ）WX PP MS）

このハンダゴテは、ヒーターの熱をコテ先に伝える「コア」部分に熱伝導率の高い銀を使用している。熱ロスがなく熱復帰が早いので、鉛フリーはんだでもストレスがない。

図6-3 業務用のハンダゴテ

⑤ハンダゴテステーション(ERSA製 i-CON 1V/i-tool セット)

小型でペンサイズ、ケーブルも柔らかく取り回しに優れる。先端のセンサでコテ先実測温度を正確に維持している。使用していないときは温度が自動で下がり、コテ先を劣化させない。

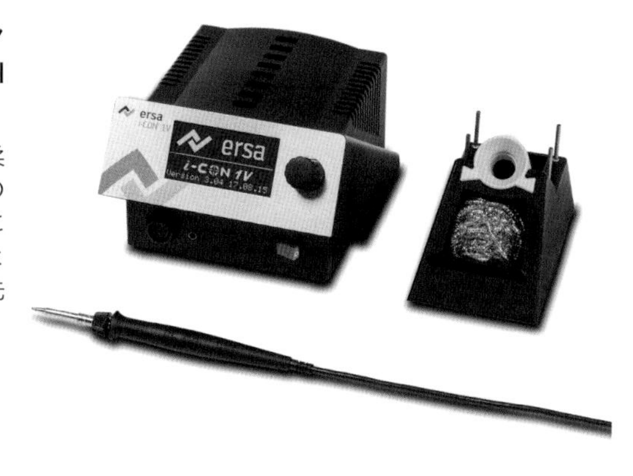

⑥自動温度調整が可能なハンダゴテ(METCAL製 MX5220)

高周波誘導コイルに電流を流すことで加熱。コテ先温度はキュリー点を超えることがないため、最適なはんだ付け温度にコントロールされる。小さいコテ先で大きな熱量を供給できる。

細くてもD型、C型のコテ先(太さ約3mm)

MX5220のコテ先。この太さでも80Wと高出力。実体顕微鏡で観察しながらコテ先をキチンと母材に当てると、大きな熱量を伝えられる。

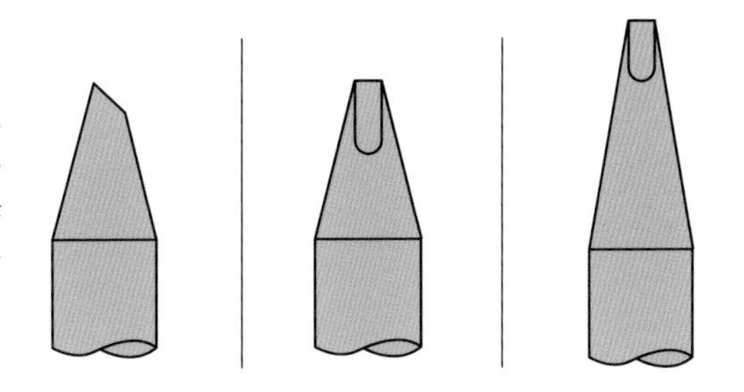

図6-3 業務用のハンダゴテ

⑦正確な温度を記録できるハンダゴテ（日本ボンコート製M12シリーズ）

コテ先先端表面の作業点近くに温度センサを取り付けたため（LA方式）、温度変化が正確に記録できる。共通のステーションに18W～175Wまでの多彩なハンダゴテ部を接続して使用できる。

図6-3 業務用のハンダゴテ

6-3 個人が趣味で電子工作などを楽しむためのハンダゴテ

個人が趣味で電子工作などを楽しむためのハンダゴテを2つ紹介します。鉛フリーはんだを使用するのであれば、コテ先温度は適温にコントロールされていなければ、コテ先を酸化させずに適切な温度条件を作り出すことはできません。各メーカーからいくつか入門用のハンダゴテとして売り出されていますが、安価に価格を抑えるためにステーション部は無く、温度制御部がハンダゴテのグリップに内蔵されています。

安全性を確保するために、グリップ部分は太く、電源コードは太くて取り回しが悪く、重量は重くなりがちです。また、コテ先の種類も豊富ですが、交換には工具が必要になります。個人の趣味の範囲、あるいは仕事でも使用頻度が多くない場合は、基本性能が押さえてあるハンダゴテなら少々の使いにくさは許容できるでしょう。

図6-4のハンダゴテは、いずれも通販で比較的安価に入手できます。鉛フリーはんだを趣味で使用される方、仕事で使用するが使用頻度が少なく難易度が低いはんだ付け作業に使用する方は、ここに紹介した2つ

のハンダゴテであれば十分な性能を持ち、品質面でも安心です。

コテ先温度をコントロールできるハンダゴテは、広く知られるようになり普及してきましたが、過渡期ということもあり粗悪品も出回っています。通販で安価（1000～3000円）に購入できるハンダゴテの中には、設定温度に到達するのに10分程度の時間を要したり、鉄メッキが施されていないために、数十分使用しただけで使えなくなるコテ先が付属していたりするケースが見受けられます。そうしたハンダゴテを誤って購入しないように注意してください。2023年3月現在、この本で紹介したメーカーのハンダゴテは、入門用も含めて安心して使っていただけます。

趣味分野のハンダゴテ①
(GOOT製 PX-280)

ミドルクラスのステーション型のハンダゴテと同等の機能・性能を持つデジタル温調ハンダゴテ。80Wのパワーがあり、コテ先交換によって広い範囲のはんだ付け作業が可能。振動センサによるスリープ機能なども備えている（コテ先の酸化を防ぎます）。

趣味分野のハンダゴテ②
(HAKKO製 FX－600)

ステーション型のハンダゴテと同等の機能・性能を持つダイヤル式温調ハンダゴテ。50Wのパワーがあり、コテ先交換によって広い範囲のはんだ付け作業が可能。

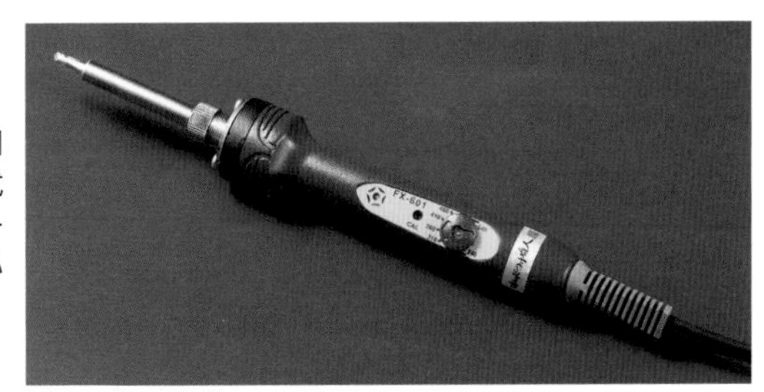

図6-4 趣味分野のハンダゴテ

第7章

はんだ付け前に行うべき熱量の考察

6章で解説したように、鉛フリーはんだを使用する際はハンダゴテとコテ先の選定が重要です。ハンダゴテとコテ先を選定するためには、はんだ付け対象物をよく観察して、はんだ付けするために必要な熱量がどの程度なのかを見極めなければなりません。同一の基板上でも、場所によってはんだ付けに必要な熱量は大きく異なります。こうした熱量の違いがなぜ発生するのかについて考えてみましょう。

図7-1は、C2の場所にセラミックコンデンサを実装するためのパターンの例です。基板の緑色の色が濃い箇所と薄い箇所があるのが分かります。薄い緑色のところには銅箔が貼られており、電気回路を構成しているのです（パターンと呼ばれます）。丸いランドも四角いランドも、パターンと繋がっていることがわかるでしょう。

たとえば、C2にセラミックコンデンサをはんだ付けする場合は、**図7-2**のとおり、枠で囲った2か所のランドにはんだ付けします。右のパ

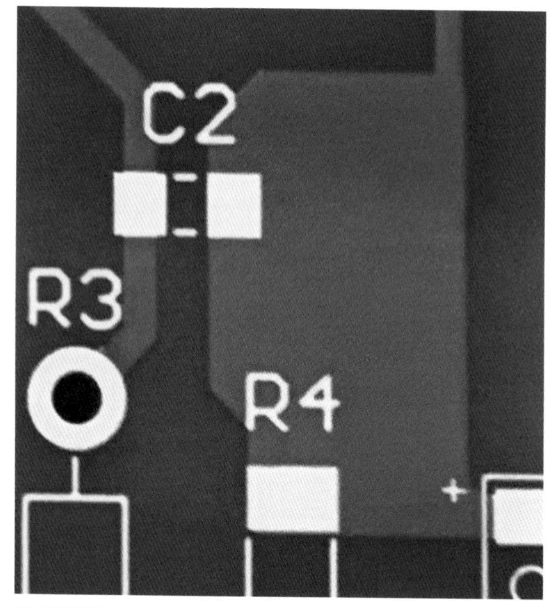

図7-1 基板の銅パターンの違い

ターンは左のパターンと比較すると、ずいぶん広いことがわかります。緑色の薄い部分には銅箔が貼ってあるわけですから、右のランドに供給された熱は熱伝導で銅箔全体に伝わり、その表面から大気中に熱を放熱します。このため、このC2コンデンサをはんだ付けする際は、左側のランドではもんだが簡単に融けて濡れ広がりますが、右側のランドでは、はんだが融けにくく濡れ広がりにくいことが予想されます。したがって、ハンダゴテとコテ先を選択する際は、C2の右側のランドに対応できるものを選ぶ必要があります。

同様に**図7-3**は、基板のスルーホールにリード線を挿入してはんだ付けする場合の例です。枠で囲った部分には銅箔が貼ってあります。この部分にはんだ付けをする場合、下の2つのランドと比べて大きな熱量が必要になると予想されます。ハンダゴテとコテ先を選択する際は、当然上の2つのランドに対応できるものを選ぶ必要があります。

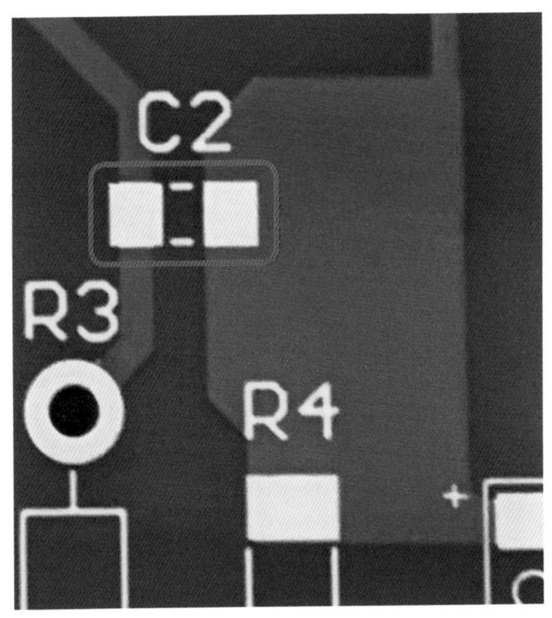

図7-2 C2にセラミックコンデンサを実装する位置

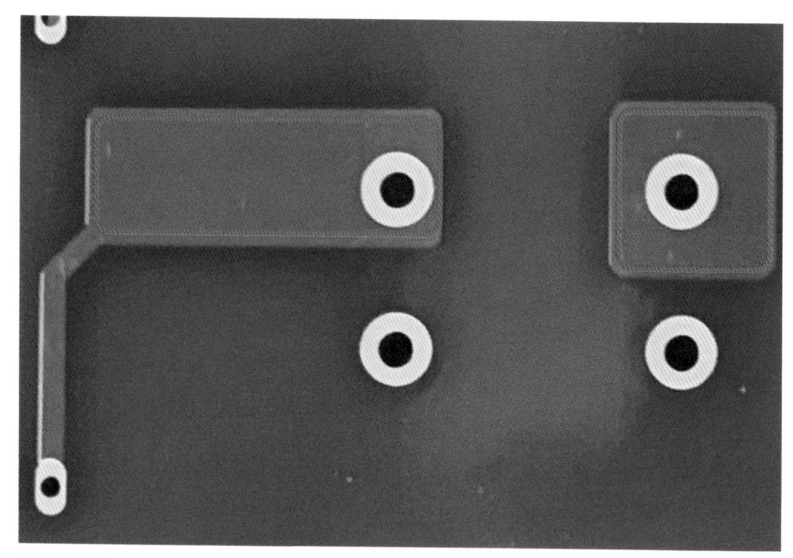

図7-3 スルーホールのランドと必要な熱量の違い

図7-4は、1005チップ抵抗を実装するためのパターンです。これも左側のランドが広い銅箔と接続されています。このランドにチップ抵抗をはんだ付けする場合、右側は簡単ですが、左側はなかなかはんだが融けず苦労することが予想されます。この1005チップ抵抗をはんだ付けする際には、熱容量の大きなハンダゴテ、コテ先を用意しておいたほうが良さそうです。

ところが1005チップは大きさが1mm×0.5mmの大きさしかありませんから、小さな電極に対して的確に接触させられるコテ先が求められます。

図7-5のようなFET（パワートランジスタ）や3端子レギュレーター、パワートランジスタなどでは、部品本体の温度上昇を防ぐため、基板に放熱用のベタパターンを設けてはんだ付けし、放熱するケースがよくあります。こうしたパターンは特に熱を逃がすために設けてありますので、大きな熱容量が必要です。

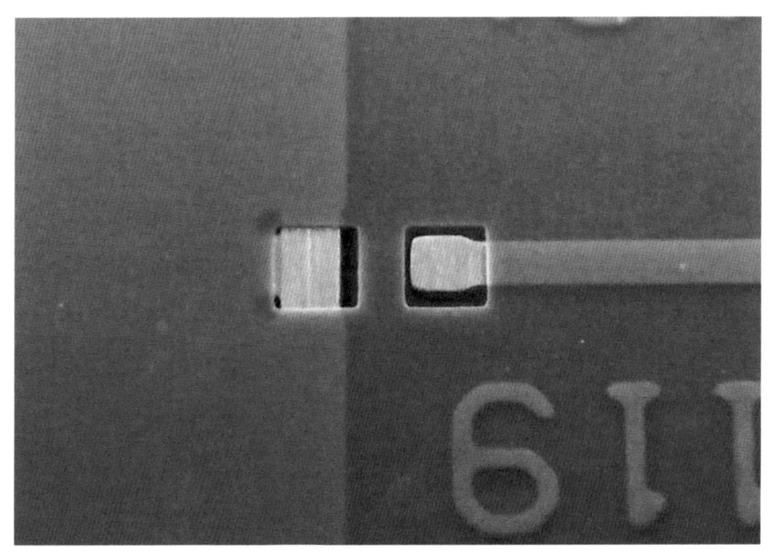

図7-4 1005チップ抵抗の実装パターンの例

図7-5 FETや3端子レギュレーターの放熱端子と放熱用のベタパターン

基板の部品実装を行う場合は、上記のようなベタパターン部分だけは大きな熱量を供給できるハンダゴテを用いるなどの工夫が必要になります（6章で紹介した最上位機種のハンダゴテで、複数の異なるパワーのハンダゴテが使えるようになっているのはこのためです）。

また、最近ではエレクトロニクス製品がどんどん小型・軽量になってきています。そのため、基板はより積層・密集してきています。外観を見ただけではさほど熱量が必要ないように見えるにもかかわらず、**図7-6**のように、基板の内部に何層も銅パターンの回路を持っている基板が増えてきています。このような基板では、ハンダゴテを当てた時点ではんだが全く融けないことがわかりますので、高出力のハンダゴテを用意する必要があります。

こうした例からもわかるように、1枚の基板上でもはんだ付けするために必要な熱量は大きく異なります。はんだが容易に融けない場面に遭遇した場合は、「なぜ融けないのか？」「どこから熱が逃げているのか？」をよく考えた上で、適切なハンダゴテやコテ先を選ぶようにしてください。

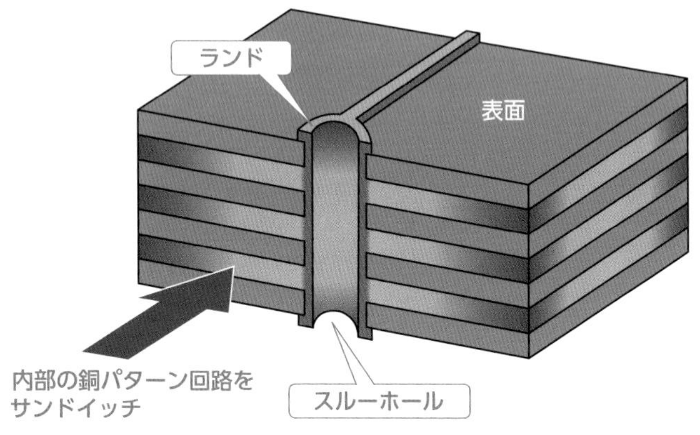

図7-6 積層基板とスルーホールの簡略図

第8章

熱量不足を解消することで作業性を改善

2章で鉛フリーはんだのトラブルとその対処法についてお話しましたが、鉛フリーはんだを使ったはんだ付けが「なぜ難しいのか？」を考えてみると、ほとんどが熱量不足の問題に行き着きます（2章で詳しく解説しているので、ここでは説明しません）。コテ先温度を360℃以下に抑えつつ、小さなハンダゴテで大きな熱量を供給することは、物理的に限界があります。作業性を改善するために、まずは現状の道具と母材で、できるだけ熱量的に有利な条件にできないか考えてみましょう。

8-1 糸はんだの太さの考察

まずは、はんだ付けに使用する糸はんだについて考えてみましょう。糸はんだは細くなるほどコストが高くなります。このため量産ラインでは0.8〜1.2mm程度の太い糸はんだを使うところが多いようです。

案外見逃されがちですが、糸はんだからも熱伝導で熱が逃げていきます。特に太い糸はんだは、最初の先端部を融かす際に大きな熱量が必要

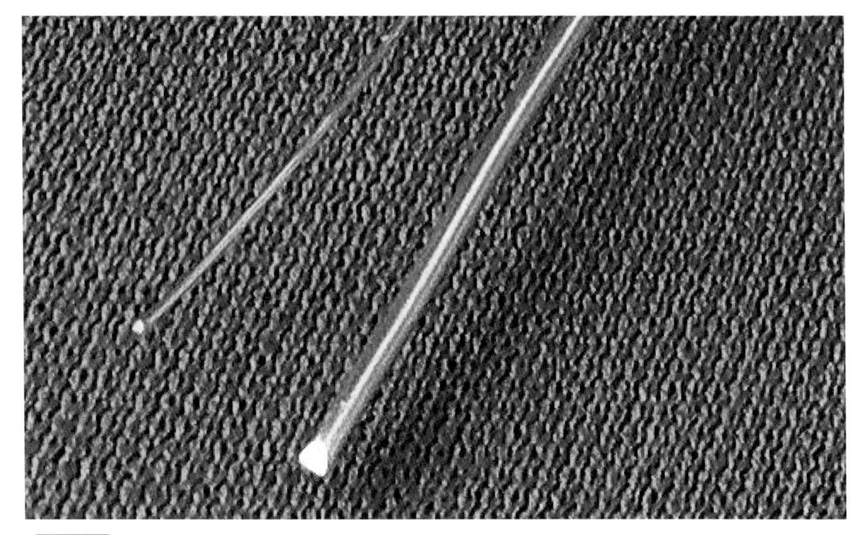

図8-1 φ0.8mmとφ0.3mmの糸はんだ

になります。また、太い糸はんだは最初に融ける部分の体積が大きくなるため、小さな部品をはんだ付けするとはんだ量が多くなりすぎます。

作業性を改善したいときは、今お使いの糸はんだの線径をより細いもの（0.3〜0.6mm程度）に変更してみてください（**図8-1**）。最初に融けるはんだの体積が小さくなり、熱伝導で逃げる熱量も小さくなるため、はんだが簡単に融けることがわかると思います。

さらに最初の糸はんだ先端部が簡単に融けると、コテ先と基板や電子部品の端子の間に融けたはんだが存在することになり、コテ先の熱が伝わりやすくなります。母材の温度を素早く上昇させることではんだが濡れ広がりやすく、はんだ量のコントロールも容易になります。

8-2 コテ先の太さの考察

次に、コテ先を太くできないかを考えてみましょう。たとえば、**図8-2**のように、同じ形状でもいろいろな太さのコテ先が交換用コテ先として用意されています。コテ先の体積が大きくなることで、コテ先に蓄えられる熱量は体積に比例して増えます。また、コテ先と母材が接触する面積が大きい方が、素早く熱を伝えられます。コテ先を太くしても周囲の部品に干渉しない場合は、太いコテ先を使った方がはんだを容易に融かすことができます。他にも**図8-3**の左の写真のように、コテ先の形状はそのままですが、軸の部分を太くして熱を蓄えるように設計された高熱容量タイプのコテ先があります。こうした高熱容量タイプのコテ先に交換するのも効果があります。

糸はんだにしてもコテ先にしても、一見さほど作業性に変わりはないように思えますが、まずはこの2点を改善してみてください。ほんの少しの熱量的改善で、劇的な効果を生じることは珍しくありません。

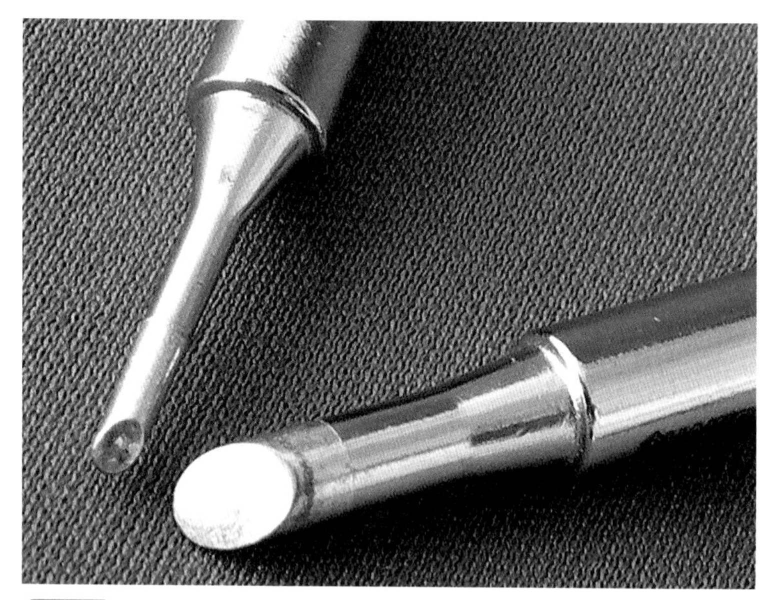

図8-2 太さ2mmと太さ4mmの同じ形状のコテ先

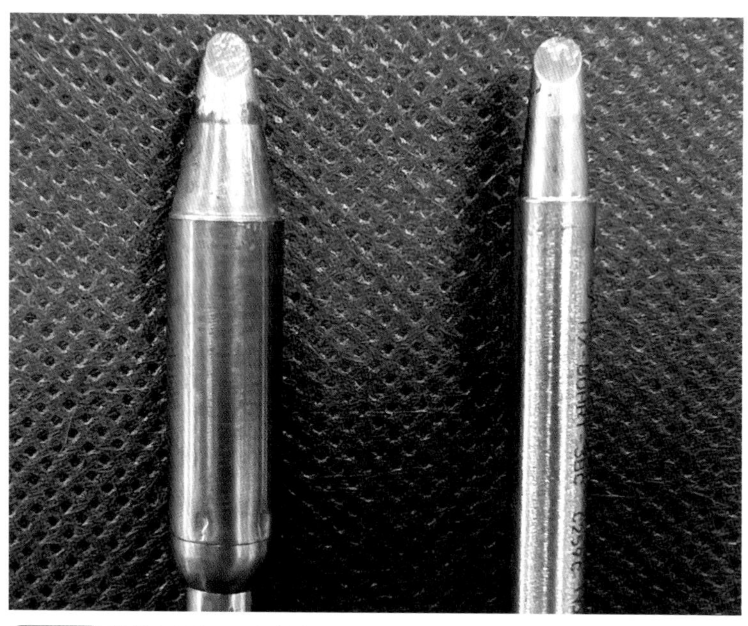

図8-3 高熱容量タイプ（左）と通常タイプ（右）

8-3 プリヒーター(予熱)

糸ハンダとコテ先の改善を試しても熱量が不足する場合は、現在使用しているハンダゴテとコテ先では、これ以上の熱量的な改善が期待できません。こうした場合、通常はハンダゴテを出力の大きなものに変更するしかないのですが、母材の大きさや作業性を考えるとハンダゴテやコテ先を大型のものに変更できないケースがあります。そのような場合、「外部から熱量を補う」という発想の転換が必要になります。

たとえば、はんだ付けしたい母材（基板や部品）をあらかじめホットプレートやホットエアー（温風器）を使って温めておくと、不足した熱量を補えます。こうすることで、細いハンダゴテでも簡単にはんだを融かすことが可能です。**図8-4**は、工業用ホットプレートで基板を温めている様子です。

図8-4 ホットプレートによる予熱

図8-5はQFPをはんだ付けするための基板ですが、基板全体がほとんど銅箔で覆われています（青色の薄い所は銅箔が貼ってある部分です）。まるで銅板にQFPをはんだ付けするようなイメージです。

このように熱の逃げ場が大きな基板では、各ハンダゴテメーカーの最上位機種のハンダゴテやコテ先を使用してもはんだを融かすことができません。ところが、あらかじめホットプレートで基板を100℃程度まで予熱しておくと、逆に銅箔から熱を供給することが可能になり、極細のハンダゴテ、コテ先でも簡単にはんだを融かせるようになります。

基板を予熱する方法としては、ほかにも**図8-6**のような遠赤外線によるプリヒーターや、**図8-7**のようなハロゲンヒーターを使った電熱器があります。

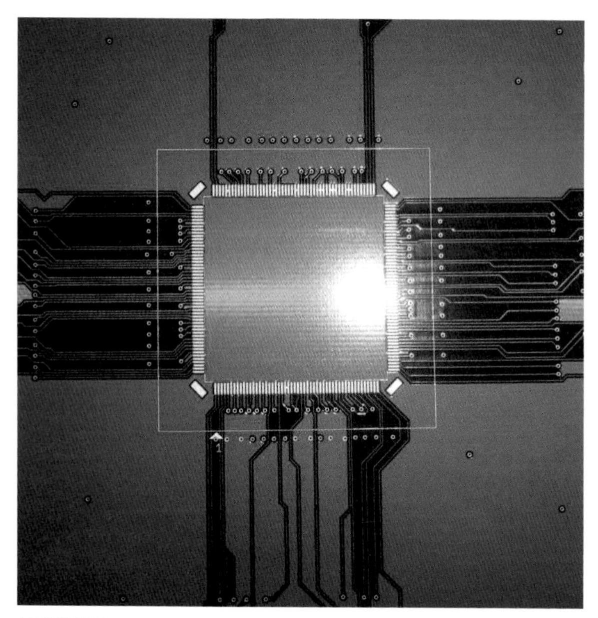

図8-5 QFP用の基板

こうした基板保持台を利用して基板全体を温めます

図8-6 プリヒーター（GOOT製　XPR-1000）

また、**図8-8**のように、小型の基板やコネクタなど立体的なものを熱風で局所的に温められる小型のプリヒーターもあります。これらの機材を、用途に合わせて選ぶのがよいでしょう。

要するに、いかにしてはんだ付け部分を約250℃まで温めるかを考えることが重要です。はんだ付けをする対象物に合わせていろいろな熱源を組み合わせることを考えると、作業性は大きく改善されます。

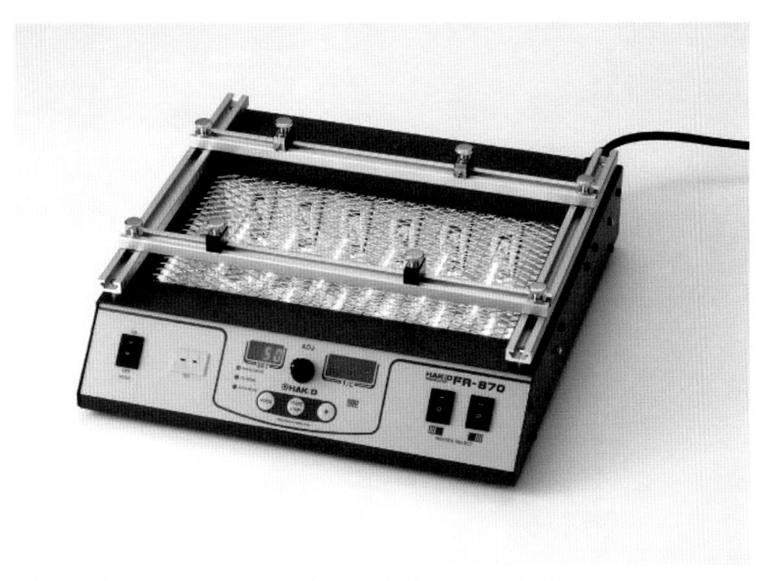

図8-7 ハロゲンヒーター（HAKKO製　FR-870B）

（GOOT製　XPR-610）

（HAKKO　FR-830）

図8-8 局所熱風式プリヒーター

第9章

実際の鉛フリーはんだ付け作業

9-1 セラミックチップコンデンサの実装

①はんだ付け作業の準備

この章では、いくつかの実装例をもとに、作業を解説していきます。セラミックチップコンデンサ（以降チップコンデンサ）は、いろいろな大きさがあり、エレクトロニクス製品に多数使用されている部品です(**図9-1**)。大きさは違っても基本となる作業は変わりませんので、今回は3216（3.2×1.6mm）サイズのチップコンデンサを例にとって解説します。

チップコンデンサは、通常テープ状に整列されてリールに巻かれており、2,000〜10,000個単位で販売されています。通販で購入する場合は、**図9-2**のようにテープが部分的にカットされています。チップコンデンサに極性はなく、表裏もありません。

今回の例では、**図9-3**のC1にチップコンデンサを実装します。図

図9-1 セラミックチップコンデンサ実装　完成例

9-4、**図9-5**に使用したハンダゴテとコテ先を示します（今回の例では、マイナスドライバー型のD型コテ先を使用）。糸はんだは千住金属工業のスパークルESC M705（φ0.3mm）を使用しています。

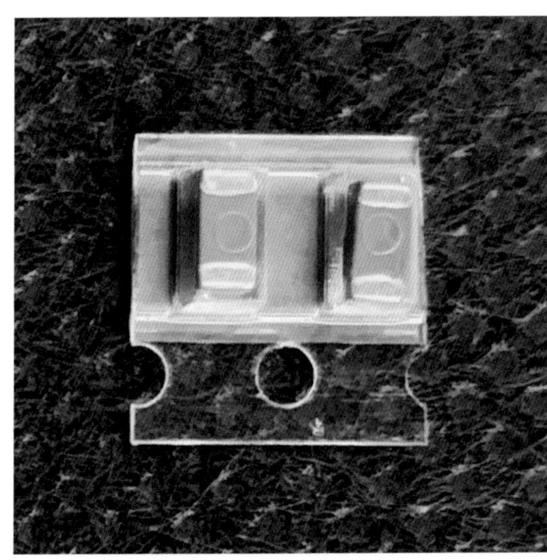

梱包されたもの

テープから取り出したチップコンデンサ

図9-2 **チップコンデンサ**

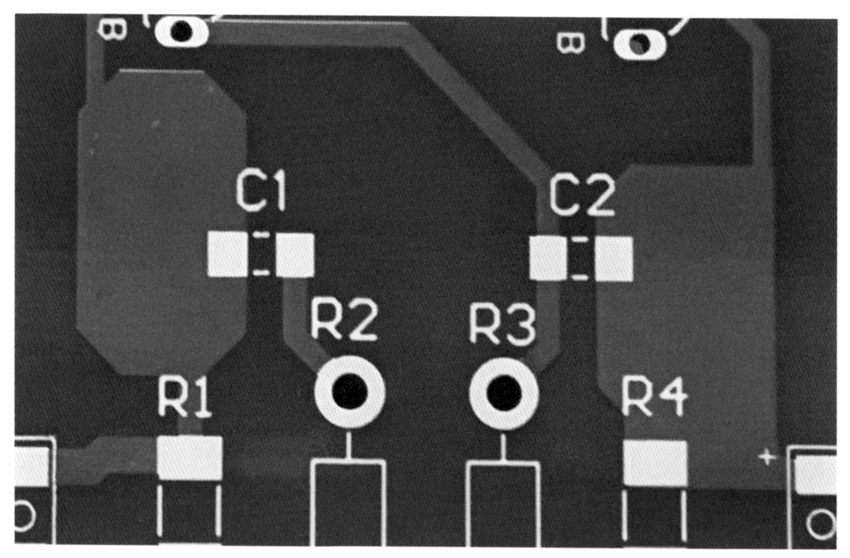

図9-3 実装のために用意した基板（C1に実装）

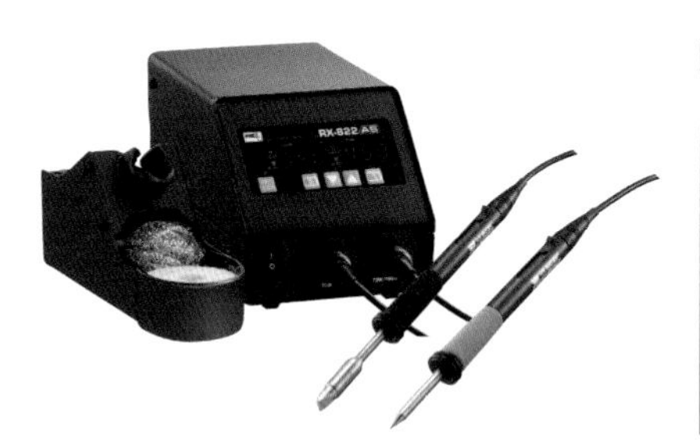

図9-4 使用したハンダゴテ（GOOT製　RX-822AS）

図9-5 使用したコテ先（GOOT製 RX-80HRT-2.4D）

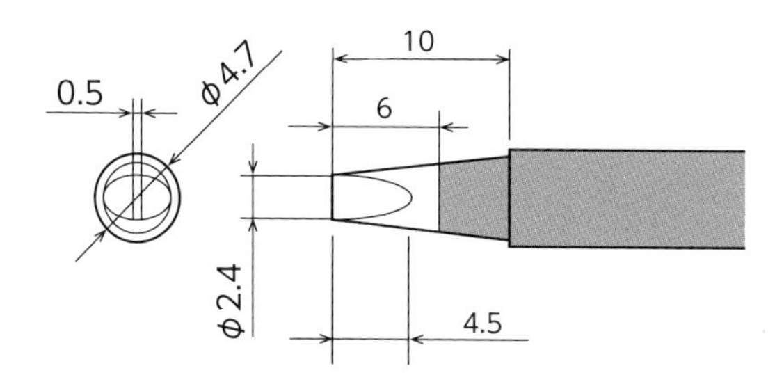

②予備はんだ

まず、片側のランド上に糸はんだを置きます。**図9-6**のようにランドと接するように置きます。続いて**図9-7**のように、コテ先の平らな面で糸はんだをランドと挟むように上から押さえて、はんだを融かします。コテ先はランドの上に置くようにそっと当てます。糸はんだは送り込まず、ランド上に置いた糸はんだが自然に融けた分だけを、予備はんだとしてはんだ付けします。

正しい予備はんだでは、**図9-8**のようになだらかな凸面になります(ポッコリ盛ると多すぎます)。

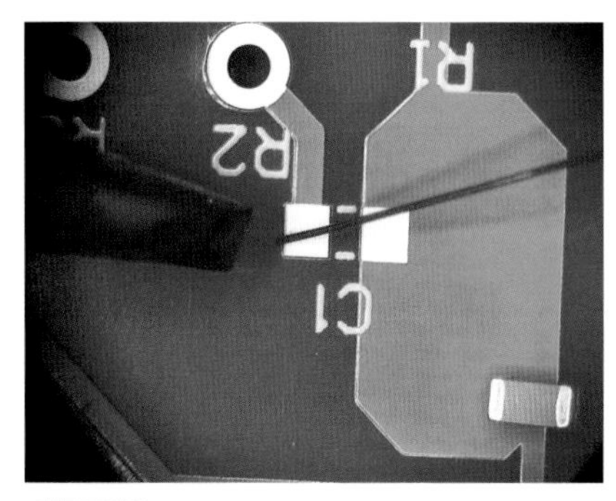

図9-6 糸はんだをランド上に置く

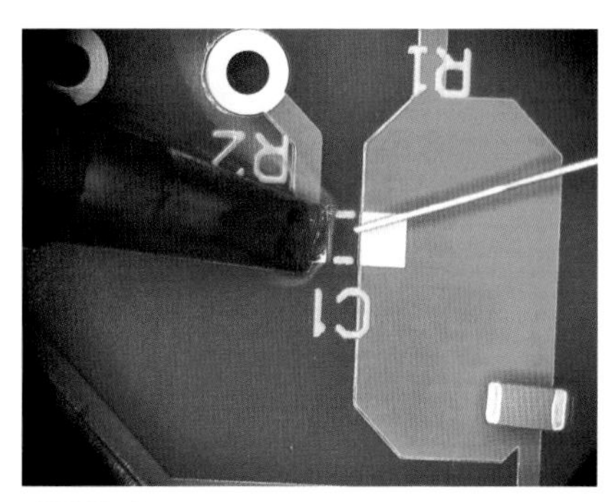

図9-7 糸はんだを融かしてランドに予備はんだをする

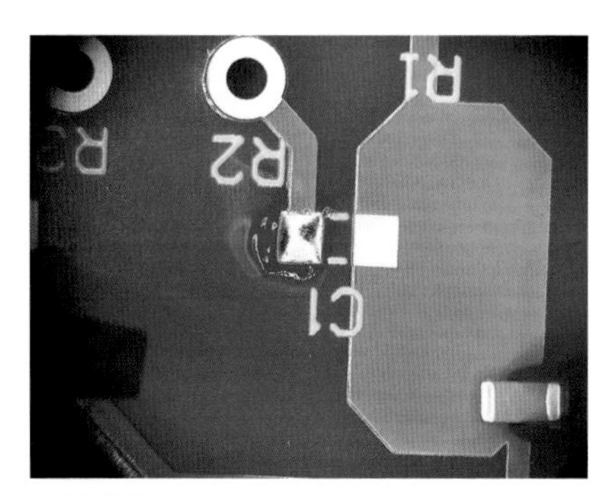

図9-8 予備はんだされた片側のランド

③チップコンデンサの位置決め

予備はんだが終わったら、ピンセットでチップコンデンサをつまんで、C1のランド付近で待機しておきます。コテ先を**図9-9**のようにランド上の予備はんだに当てて融かし、融けたはんだにチップコンデンサを滑り込ませていきます。このとき、**図9-10**のようにチップコンデンサが真ん中に位置するようにあらかじめコテ先を置いておくと（滑り込ませたチップコンデンサの電極がコテ先にピタッと当たる位置）位置決めがしやすくなります。

チップコンデンサの位置が真ん中から上下左右にずれている場合は、コテ先とピンセットの3点で支えたままチップコンデンサを動かすと、ブレずに位置決めができます。位置決めが終わったら、コテ先をチップコンデンサから離します（**図9-11**）。ピンセットは、はんだが固まるまでは緩めずに、チップコンデンサを固定しておきます。

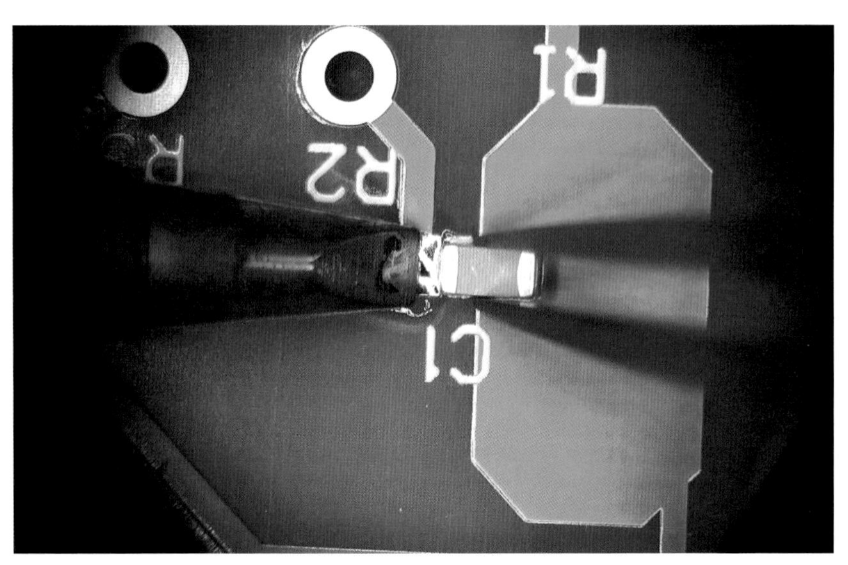

図9-9 チップコンデンサを仮固定

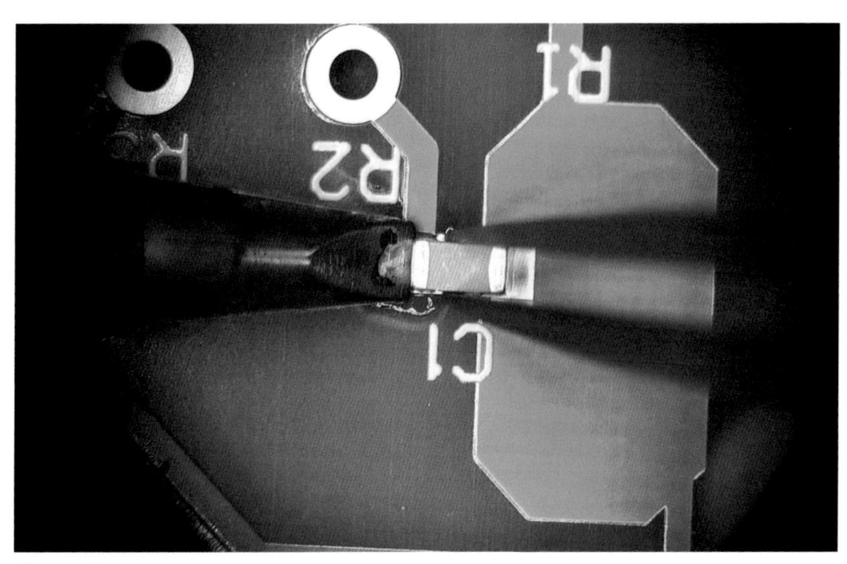

図9-10 コテ先に当てられたチップコンデンサ

図9-11 コテ先を離す

④予備はんだをしていない面をはんだ付け

フラックスを少量だけチップコンデンサの電極とランドに塗布します(**図9-12**)。フラックスを塗布したあとは、作業がやりやすいように基板を180度回転させます。

この例では、写真の左側のランドが広い銅箔と繋がったパターンになっています。そのため最初に、コテ先をランド面と電極にきっちり当てて加熱していきます(**図9-13**)。このとき、コテ先がランド面から

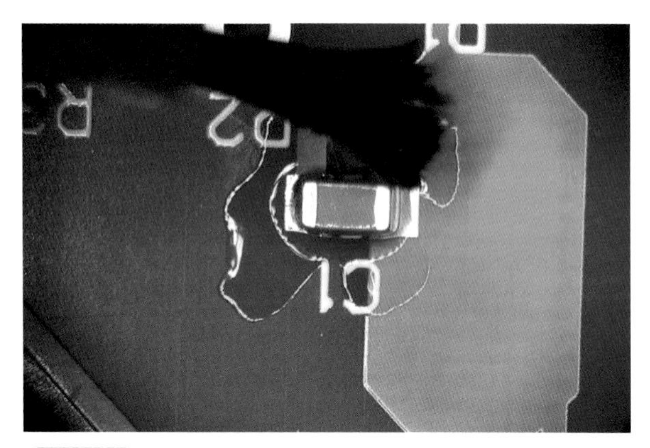

図9-12 フラックスを塗布する

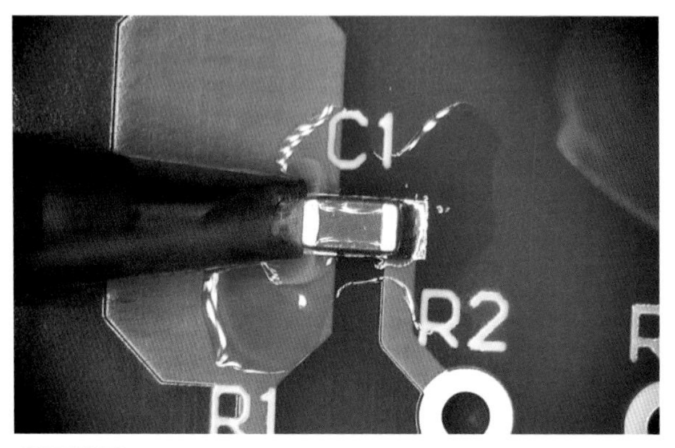

図9-13 コテ先をランド面と電極にきっちり当てる

浮いていると、コテ先の熱が直接チップコンデンサに伝わってしまい、コンデンサを壊す恐れがあります。コテ先をランド面にきっちりと当て(強く当てすぎないように注意)、ランドへ熱を逃がします(次項で紹介するLEDは広い銅箔のパターンではないため、手順が変わります)。

図9-14のように、コテ先とランドと電極の3つが交わる交点に糸はんだを供給します。はんだが流れていく様子を観察しながらはんだ量が多くなりすぎないように注意します。完成形は**図9-15**のようになります。

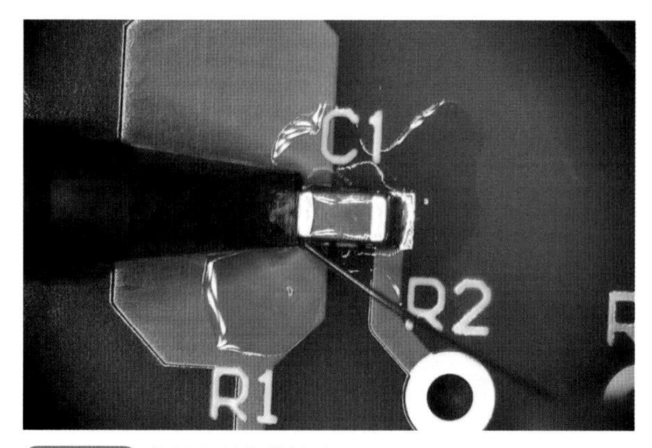

図9-14 糸はんだを供給する

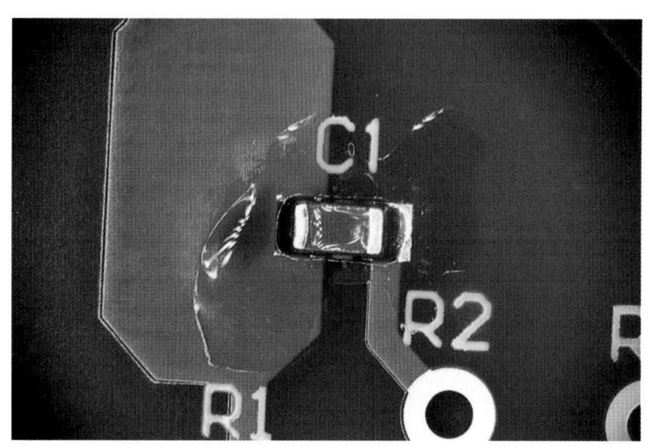

図9-15 はんだ付けされた左側電極

⑤予備はんだをした面をはんだ付け

予備はんだで固定された右側の電極を仕上げます。作業がやりやすいように基板を180度回転させます。

仮はんだ付け部分には、予備はんだで一度はんだが供給されているため、追加量はごく少量にします。**図9-16**のように、糸はんだの先端部をわずかだけランド上に置きます。コテ先をランドのわずかに左のところ（レジスト面）に軽く置き、ランド上のはんだを融かしながら滑らせ、置いた糸はんだを融かしながら電極に当てます（**図9-17**）。このとき、糸はんだは供給せず、ランド面に置いた糸はんだだけを融かすようにします。

最後に、基板とチップコンデンサに付着したフラックスをIPA（イソプロピルアルコール）とブラシを使って溶かし、ウエスで拭き取って完成です（**図9-18**）。

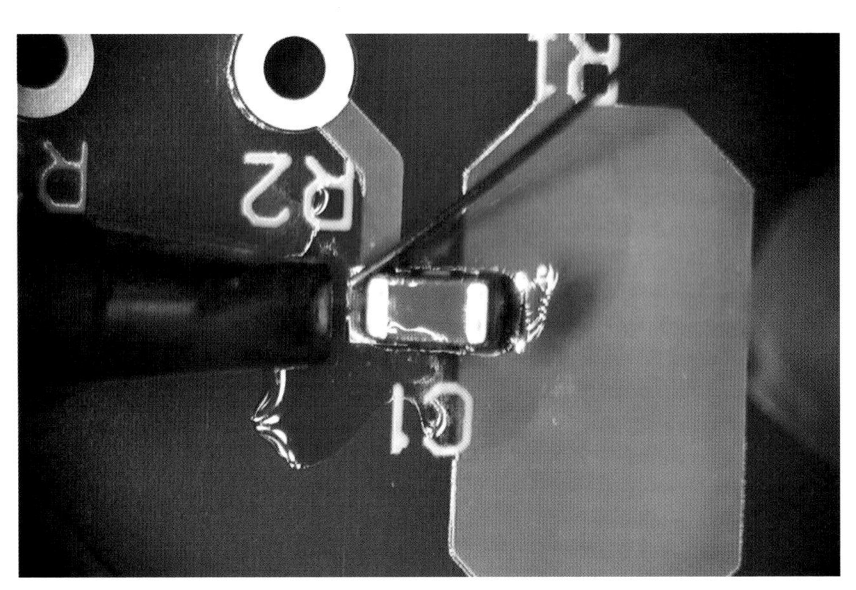

図9-16 糸はんだを仮はんだ付け部分に置く

図9-17 糸はんだを融かしながらランドと電極にコテ先を当てる

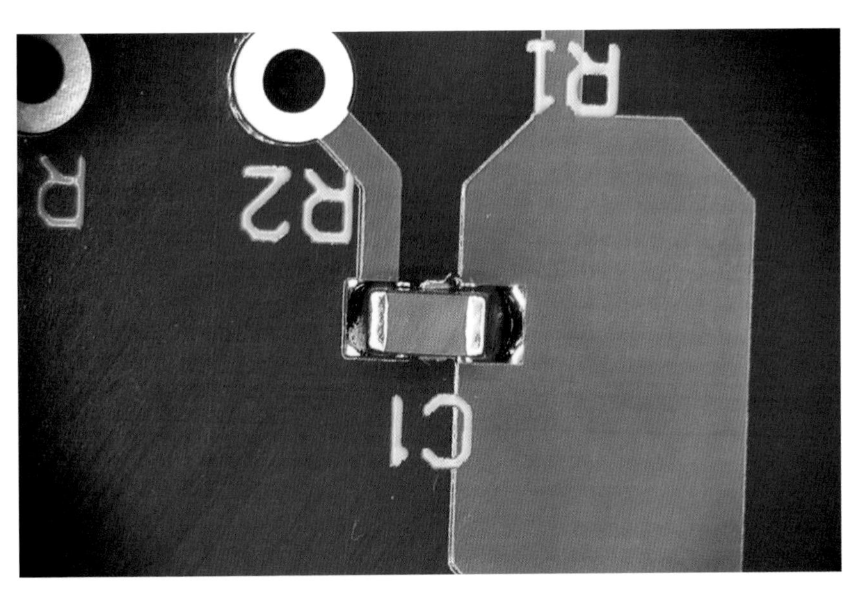

図9-18 フラックスを掃除して完成

9-2 表面実装型チップLEDの実装

チップLEDにもいろいろな大きさがあります。近年、LEDは表面実装タイプが使用されることが多くなりました（**図9-19**）。LEDは、チップコンデンサと比較すると熱に弱い樹脂が外側を覆っており、コテ先が触れると樹脂が融けて内部の半導体と電極を接続している極細線が切れて壊れます。熱には弱い電子部品の部類に入ります。

チップLEDのはんだ付けには、チップコンデンサと同じく、マイナスドライバー型（D型）のコテ先を使った同じ方法がそのまま使えます。しかし、ここではC型のコテ先を使った実装方法を紹介します。コテ先の形状の違いによるコテ先の当て方や考え方の参考にしてみてください。

図9-19 チップLED（3528サイズ）実装　完成例

①はんだ付け作業の準備

チップLEDも通常テープ状に整列されてリールに巻かれており、その大きさによって2,000～10,000個単位で販売されています。通販で購入する場合は、**図9-20**のようにテープが部分的にカットされた状態で入手できます。今回は、**図9-21**のLED1にチップコンデンサを実装します。

使用したハンダゴテは先ほどと同じですが、コテ先は、**図9-22**のようにRX-80HRT-3Cに交換しています。形状は、糸はんだはチップコンデンサと同じく千住金属工業のスパークルESC M705（φ0.3mm）を使用しています。3mm丸棒を45度に斜めカットした形状です。

テープから取り出したチップLED

梱包されたもの

図9-20 チップLED

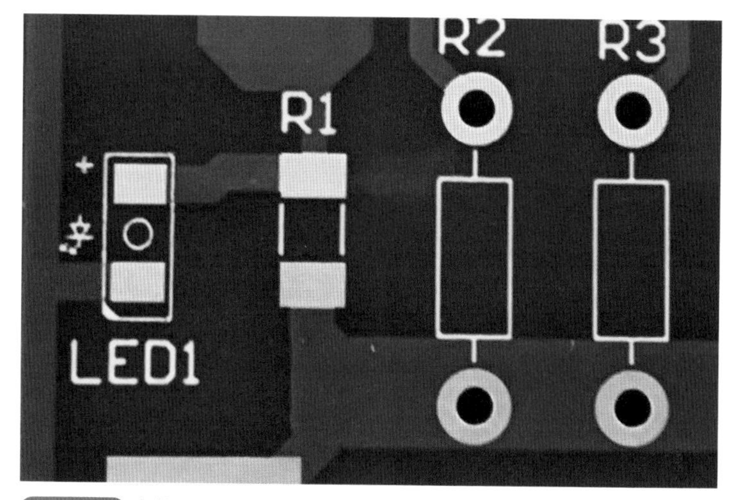

図9-21 実装のために用意した基板（LED1に実装）

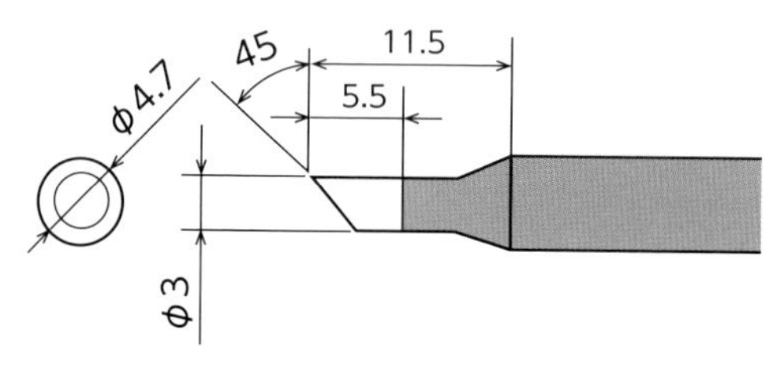

図9-22 使用したコテ先　GOOT RX-80HRT-3C

②予備はんだ

まず、**図9-23**のように、片側のランドに接するように糸はんだを置きます。コテ先とLEDは近くで待機しています。LEDには極性があり、基板上の表示や図面を確認して極性を合わせます（**図9-24**）。

図9-25のように、コテ先の平らな面（先端の楕円の面）で糸はんだをランドと挟むように上から押さえてはんだを融かします。コテ先は

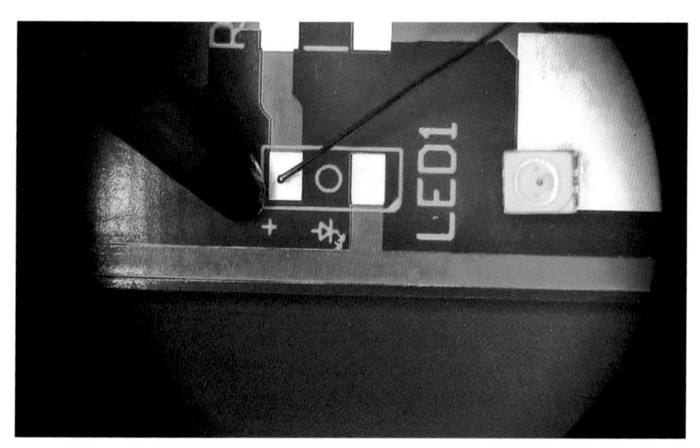

図9-23 糸はんだを片側のランド上に置く

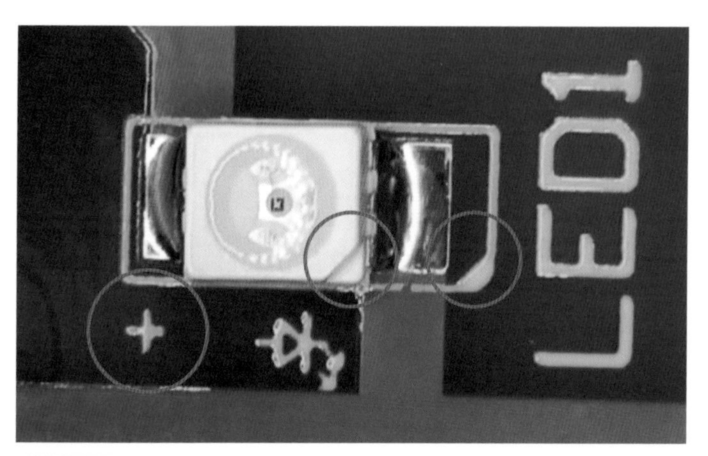

図9-24 LEDの向きの確認

そっとランドの上に置くように当てます。糸はんだは送り込まず、ランド上に置いた糸はんだが自然に融けた分だけが予備はんだとしてはんだ付けされます。

図9-26のようになだらかな凸面になっているのが正しい予備はんだです。（ポッコリ盛ると多すぎます）

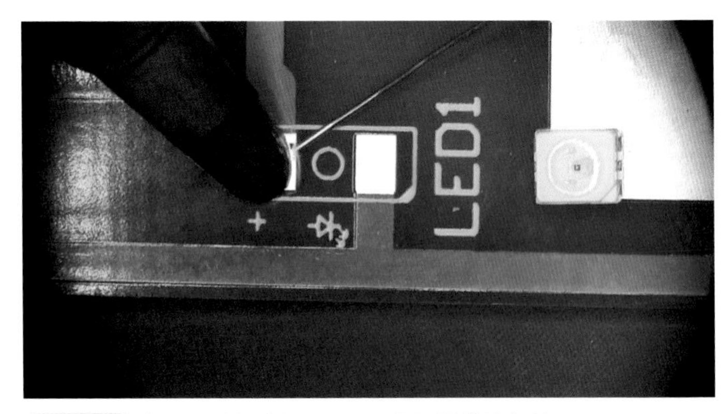

図9-25 糸はんだを融かしてランドに予備はんだ

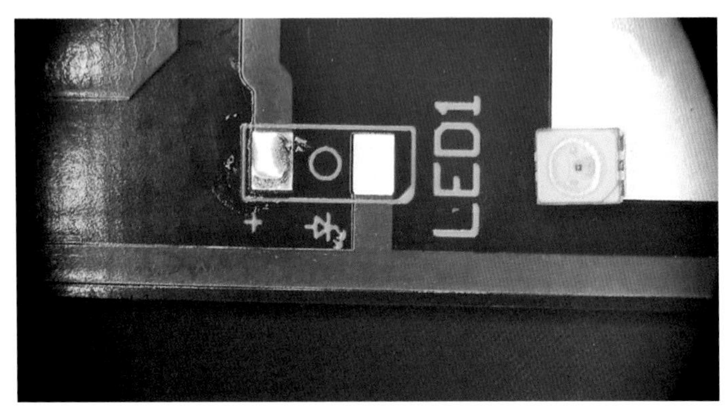

図9-26 予備はんだをしたランド

③チップLEDの位置決め

ピンセットでチップLEDをつまんで、LED1のランド付近で待機します。コテ先を**図9-27**のようにランド上の予備はんだに当てて融かし、融けたはんだにチップLEDを滑り込ませていきます。このとき、チップコンデンサが真ん中に位置するようにあらかじめコテ先を置いておくと（滑り込ませたチップLEDの電極がコテ先にきっちり当たる位置）位置決めがしやすいです。

チップコンデンサの位置が真ん中からずれている場合は、**図9-28**のように、コテ先とピンセットの3点で支えたままチップLEDを動かして位置決めします。このとき、コテ先がLEDの樹脂部に触れるとLEDが融けてしまうので、コテ先は金属の電極以外に触れないよう注意します。位置決めが終わったら先にコテ先を離脱します（**図9-29**）。ピンセットは、はんだが固まるまでは緩めずに固定しておきます。

図9-27 チップLEDを仮固定する

図9-28 コテ先をチップLEDにきっちり当てる

図9-29 コテ先を離脱する

④予備はんだをしていない面をはんだ付け

図9-30のように、フラックスを少量だけチップLEDの電極とランドに塗布します。フラックスを塗布したら、作業がやりやすいように基板を180度回転させます。

予備はんだをしていないランドの上に糸はんだを置きます（**図9-31**）。コテ先はランド面の左隣、ランド面には接触させない位置で待機します。**図9-32**のようにコテ先の平らな楕円面を基板面にごく軽く当て、ランド面を滑らせながら糸はんだを融かして電極に当てます。そのまま、LEDの電極に1秒程度当てます。すると、融けたはんだはジワッとランド面と電極に濡れ広がるのが見えます（**図9-33**）。

はんだが濡れ広がるのを確認したら、コテ先を離します（**図9-34**）。このとき、はんだ付け箇所にフィレットが形成されます。コテ先の離脱が遅くなると、フラックスが蒸発してオーバーヒートを起こし、ツノが発生します。

図9-30 フラックスを塗布する

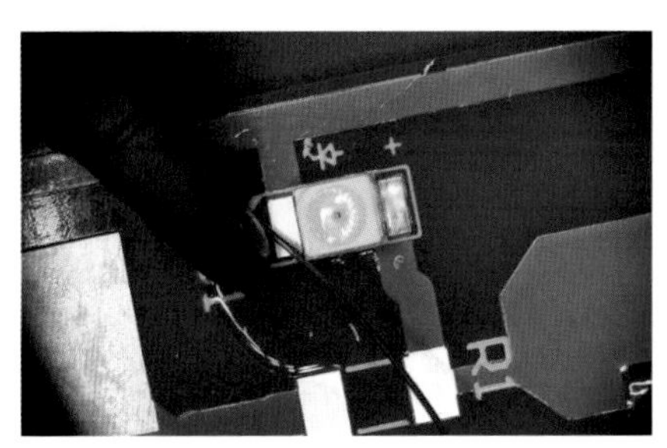

図9-31 糸はんだをランドの上に置く

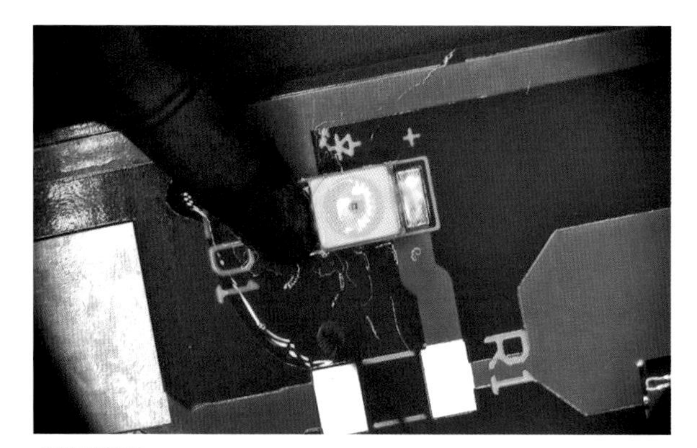

図9-32 糸はんだを融かしながらコテ先を電極に当てる

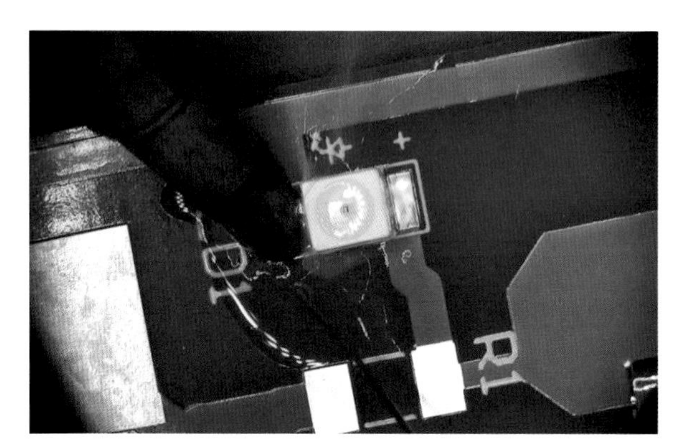

図9-33 コテ先を1秒程度電極に当てる

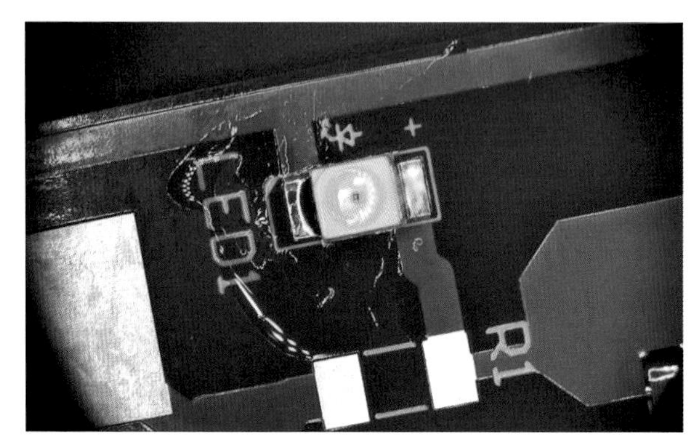

図9-34 コテ先を離脱する

⑤予備はんだをした面をはんだ付け

予備はんだをしたランドの上に糸はんだを置きます。コテ先はすぐ近くに待機しています（ランド面のわずかに左隣で、ランド面には接触させない）。

予備はんだによって少量のはんだがランド面に付着しているため、先ほどの図9-31よりも短い糸はんだをランド面に置きます（**図9-35**）。

コテ先をランドのわずかに左の緑色のところ（レジスト面）に軽く置き、ランド上のはんだを融かしながら滑らせ、置いた糸はんだを融かしながら電極にしっかり当てます（**図9-36**）。このとき、糸はんだは供給せず、ランド面に置いた分だけを融かすようにします。

コテ先をランド面に当てたまま、LEDの電極に1秒程度当てます。すると、融けたはんだがランド面と電極に濡れ広がるのが見えます。

はんだが濡れ広がるのを確認したら、コテ先を離します（**図9-37**）。このとき、はんだ付け箇所にフィレットが形成されます。基板とチップLEDに付着したフラックスをIPA（イソプロピルアルコール）とブラシを使って溶かし、最後にウエス（キムワイプなど）で拭き取って完成です（**図9-38**）。

図9-35 仮はんだ付けした側のランドに糸はんだを置く

図9-36 糸はんだを融かしながらランドと電極にコテ先を当てる

図9-37 コテ先を離す

図9-38 IPAを使って洗浄し、ウエスで拭き取って完成

9-3 アキシャル抵抗(リード)の実装

基板のスルーホールへリードを挿入してはんだ付けする例として、アキシャル抵抗（リード）の実装例を解説します（図9-39）。トランジスタやディップIC、電解コンデンサなど、スルーホールへリードを挿入するタイプの部品は同じようにはんだ付けが可能です。部品の大きさや基板の熱の逃げ具合によって必要な熱量は大きく変わりますが、使い勝手がよいコテ先はチップLEDの実装で紹介したC型のものです。

図9-40のように、アキシャル抵抗（リード）もテープに固定され、リール状に巻かれて梱包されていることが一般的です。今回はR2にアキシャル抵抗（リード）を実装します（図9-41）。

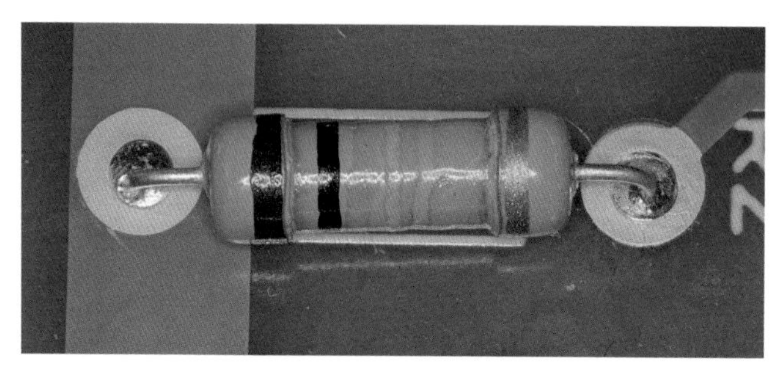

図9-39 アキシャル抵抗（リード）の実装　完成例

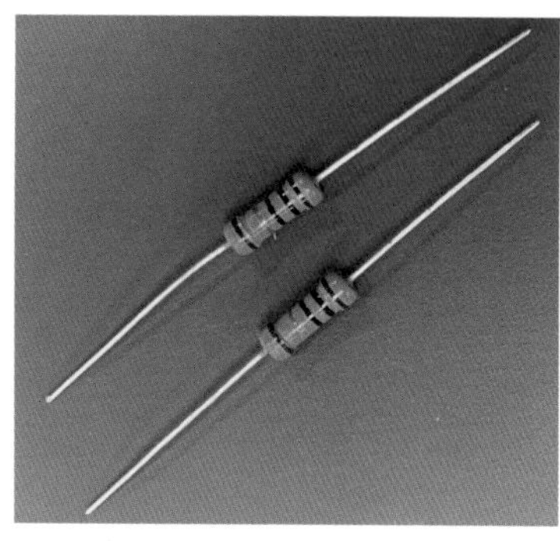

図9-40 アキシャル抵抗（リード）

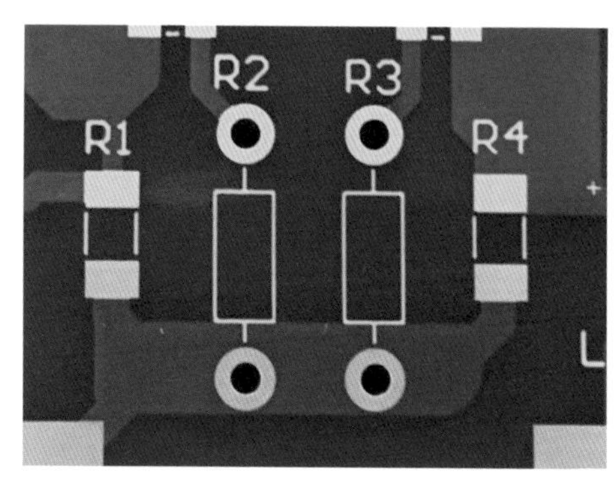

図9-41 実装のために用意した基板（R2に実装します）

①はんだ付け作業の準備

アキシャル抵抗（リード）を基板にはんだ付けしていく手順を見ていきましょう。まず、基板の裏表を観察してみると**図9-42**、**図9-43**で赤枠に囲まれた部分は、広い銅パターンがあることがわかります。

アキシャル抵抗（リード）を実装するR2のスルーホールには表裏共に広い銅パターンがあるため、熱が逃げやすく大きな熱量が必要であることが予想されます。このため、実装するアキシャル抵抗（リード）は、さほど大きな電子部品ではありませんが、太めのこて先のRX-80HRT-3Cを使用します（使用したハンダゴテは、先ほどチップLEDの実装で使用したGOOT RX-822ASです）。

糸はんだは同じ種類ですが、スルーホールにはんだを流し込む必要があるため、細い糸はんだでは供給が間に合わないと考え、少し太い糸はんだを使用します。千住金属工業のスパークルESC M705（φ0.6mm）を使用します。

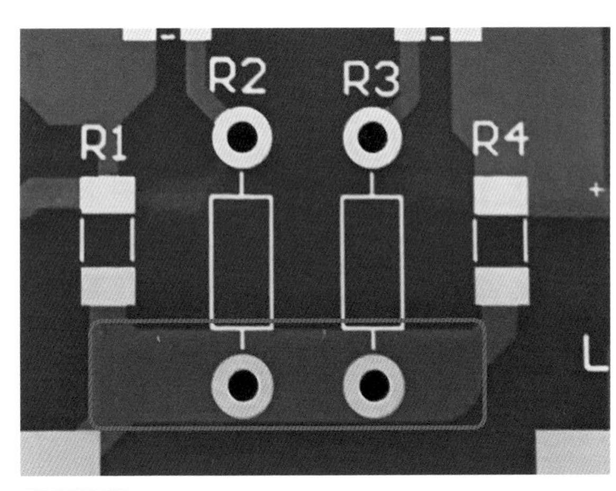

図9-42 基板の表側のパターン

図9-43 基板の裏側のパターン

②リードの挿入

基板のスルーホールへ抵抗のリードを挿入します。**図9-44**のように、抵抗のリードはスルーホールの幅に合わせて直角に曲げて挿入します。リードを曲げる時は、**図9-45**のように、ピンセットやリードペンチで部品本体側のリードを挟んで曲げます（矢印の位置で挟む）。こちら側を固定して曲げないと、本体部に応力がかかって割れたり、内部が損傷したりする恐れがあります（他の電子部品も同様です）。

図9-46のように、抵抗を基板にセットしたらはんだ付けを行います。ただし、はんだ付けは基板の裏側から行うため、基板をひっくり返す必要があります。抵抗が落下しないように、ひっくり返す前にマスキングテープを貼り付けて固定します（**図9-47**）。しっかり貼り付けないと、基板を裏向けた際に抵抗が基板から浮きます。

最後に、基板を裏返して基板から突き出た抵抗リードをニッパで、基板から2mmの長さにカットします（**図9-48**）。

図9-44 抵抗のリードを曲げる

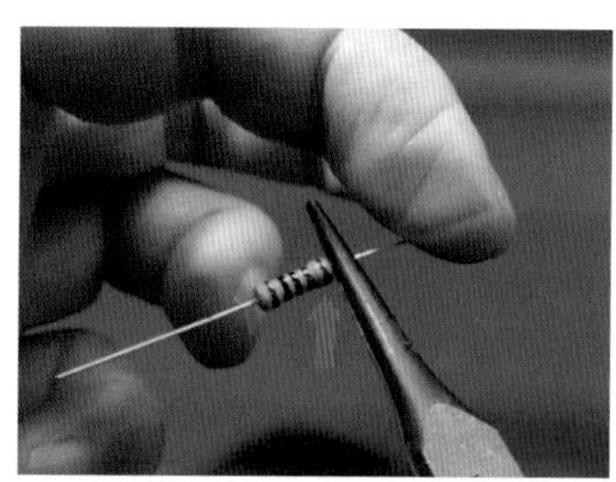

図9-45 リードを曲げる時の注意点

図9-46 基板のスルーホールに挿入された抵抗

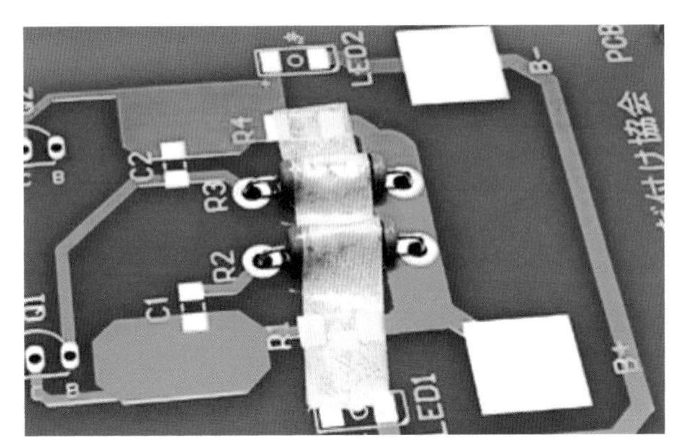

図9-47 マスキングテープで固定した抵抗

図9-48 基板を裏返してリードをカットする

③はんだ付け作業

リードを基板にはんだ付けしていきましょう。ハンダゴテと糸はんだをランドに近づけます。今回の例では、ランドに接する銅パターンが広く大きな熱量が必要なため、コテ先の平らな面（楕円面）をランド面に当ててはんだ付けします。どのように作業を進めるのか、基板を見た段階で計画することが大切です。

図9-49のように、糸はんだをランド面に置きます。**図9-50**のように、はんだを融かしていきましょう。コテ先とランド面の間には融けたはんだが挟まる形になっているため、コテ先の熱が融けたはんだを通してランドに伝わりやすくなっています。コテ先はリードにもしっかり接

図9-49 3Cコテ先とφ0.6mm糸はんだ（中央がランドとリード）

図9-50 置いた糸はんだの上にコテ先をそっと乗せ、はんだを融かす

図9-51 糸はんだを追加供給していく

触させておきましょう。

ランドとリードが温まっているので、ランド面、リードの表面のどこでも糸はんだが融ける状態です。まんべんなく糸はんだを繰り出して、適切なフィレットが形成できるはんだ量まで供給します（**図9-51**）。

銅パターンから熱が逃げるため、ランド上のはんだの濡れ広がりが悪い場合は、**図9-52**の矢印のような動きで、**コテ先の平らな面（楕円面）でランドを撫でるようにして**熱を行きわたらせるようにします。

フィレットが形成できるはんだ量になったら糸はんだの供給を止めます。コテ先はすぐに離さずに、1秒程度加熱してからすっと離します（**図9-53**）。はんだが固まったら完成です（**図9-54**）。

図9-52 はんだを濡れ広げるためコテ先を動かす

図9-53 糸はんだの供給を止め、1秒加熱してからコテ先を離す

図9-54 はんだが固まるまで動かない

④ハンダゴテの別の当てかた

ランドから大きな熱が逃げない場合、C型のコテ先は**図9-55**のような使い方もあります。ランドが広い銅パターンに接していない場合は、はんだが融けやすいため、このような当てかたのほうが、作業性がよくなります。コテ先の外周の丸い面をランドに当て、平らな面（楕円面）をリードに当てます。

図9-56のように、はんだ量も確認しやすくなります。まずはこちらの方法を試してみて、はんだが簡単に融けるようならこちらの方法がおすすめです。

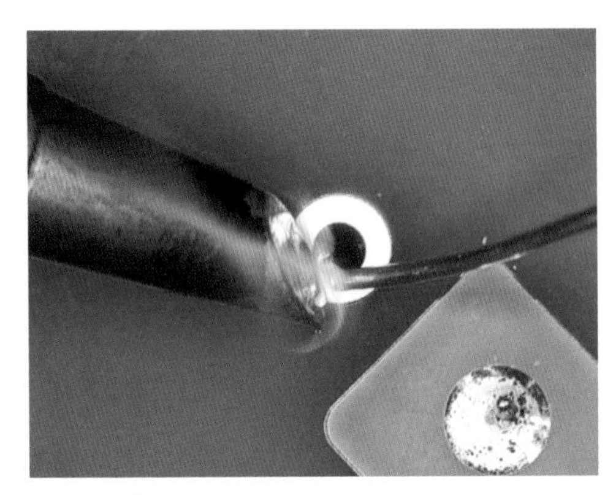

図9-55 コテ先の当てかた

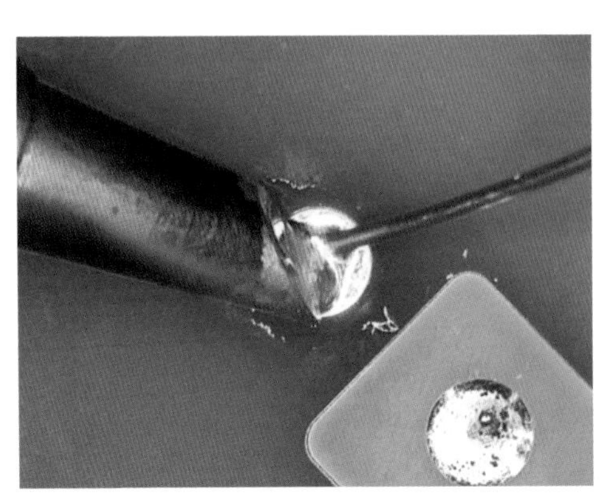

図9-56 糸はんだの供給

おわりに

最後までお読みいただきありがとうございます。はんだ付けの世界は、誤解・勘違いされていることが、まだまだ多くあります。本書は、鉛フリーはんだを正しく理解していただくために、わかりやすさを心がけて書いたつもりです。鉛フリーはんだを使用するにあたっての注意点、作業改善のためのヒントは掴めたでしょうか。

特に共晶はんだから鉛フリーはんだに乗り換えたばかりの方は道具選びやはんだ付けの条件、やり方がわからず困ることが多いですが、基礎的な知識を正しく理解していれば、壁に突き当たった時に壁を乗り越えるための方法が自力でわかると思います。

また、はんだの素材の研究やフラックスの改善はもちろんですが、ハンダゴテやその周辺の道具は日々進化しています。私は今後も、新しい手法や道具、素材を試してみては、皆様へホームページやブログ、メルマガで情報を提供していくつもりです。

はんだ付けについてお役に立てそうなことがありましたら、気軽にご相談ください。

（はんだ付けに光を！　はんだ付け職人　野瀬昌治）

索引

数英

ア

カ

サ

タ

ヤ

ラ

著者略歴

野瀬昌治（のせ まさはる）

ゴッドはんだ株式会社　代表取締役　https://godhanda.co.jp/
NPO日本はんだ付け協会　理事長　https://handa-npo.com/

滋賀県東近江市出身。島根大学理学部物理学科卒業。専攻は固体物理学。
特技：剣道３段、空手３段、SAJスキー１級
趣味：ゴルフ、ピアノ、オーディオ、読書、家具作りなど

大手制御機器メーカーの下請け企業を創業した父のもと、製造業経営者の背中を見て育つ。NPO日本はんだ付け協会を設立後、10年で4,000人以上にはんだ付け講習を行ってきた経験から、わかりやすくはんだ付けの基礎知識・技術を教える腕を磨く。長年我流ではんだ付けをやってきた技術者、あるいは初心者に誤解や勘違いされないように正しいはんだ付けの基礎知識を伝えることに定評がある。

ハンダゴテを使ったはんだ付けの専門家として活動し、企業のはんだ付け技能教育に手腕を発揮。一部上場の自動車メーカー、電機メーカー、家電メーカー、JR、TV放送局をはじめ、「タモリ倶楽部」などではんだ付け講師を務める。「はんだ付けに光を！」「はんだ付けに対する誤解・勘違いを撲滅する！」という理念のもと、わかりやすいはんだ付け教育教材の開発に力を注いでいる。

観るだけではんだ付けが出来るeラーニングは1800人以上が視聴。DVD版の「はんだ付け基礎知識講座」も累計5,000枚以上を販売。大手電機メーカー、大学でも多数採用されている。

著書：
『目で見てわかるはんだ付け作業』（金属・鉱学部門amazonベストセラー１位の実績あり）
『目で見てわかるはんだ付け作業ー鉛フリーはんだ編ー』
『目で見てわかるはんだ付け作業の実践テクニック』
『カラー版 目で見てナットク！はんだ付け作業』（いずれも日刊工業新聞社）
『「電子工作」「電子機器修理」が、うまくなる はんだ付けの職人技』（技術評論社）
『はんだ付け職人の下請け脱却プロジェクト：発明も特許も要らない！　自社商品の作り方』（kindle版）などがある。

カラー版
目で見てナットク！
はじめての鉛フリーはんだ付け作業　NDC 566.68

2023年 6 月29日　初版 1 刷発行　定価はカバーに表示してあります。

ⓒ著者　野瀬昌治

発行者　井水治博
発行所　日刊工業新聞社　〒103-8548 東京都中央区日本橋小網町14番1号
書籍編集部　電話 03-5644-7490
販売・管理部　電話 03-5644-7410　FAX 03-5644-7400
URL　https://pub.nikkan.co.jp/
e-mail　info_shuppan@nikkan.tech
振替口座　00190-2-186076

印刷・製本　新日本印刷㈱

2023 Printed in Japan　落丁・乱丁本はお取り替えいたします。
ISBN　978-4-526-08278-8 C3054